WILDLIFE ANATOMY

THE CURIOUS LIVES & FEATURES OF WILD ANIMALS AROUND THE WORLD

動物生態解剖書

揭祕世界各地野生動物的奇妙習性與生活

JULIA ROTHMAN

茱莉亞・羅思曼／著

林大利／審訂　王翎／譯

遠足科學 05

動物生態解剖書：
揭祕世界各地野生動物的奇妙習性與生活

作　　者／茱莉亞·羅思曼（Julia Rothman）
譯　　者／王翎
審　　訂／林大利

副總編輯／賴譽夫
選書編輯／何韋毅
責任編輯／賴虹伶
封面設計／ivy_design
內頁編排／關雅云

出　　版／遠足文化事業股份有限公司
發　　行／遠足文化事業股份有限公司
　　　　（讀書共和國出版集團）
地　　址／231新北市新店區民權路108之2號9樓
郵撥帳號／19504465 遠足文化事業股份有限公司
電　　話／(02) 2218-1417
信　　箱／service@bookrep.com.tw

法律顧問／華洋法律事務所 蘇文生律師
印　　製／呈靖有限公司
出版日期／2024年4月 初版一刷
定　　價／480元
ISBN 9789865082895（紙本）；
　　　　9789865082871（PDF）；
　　　　9789865082864（EPUB）
　　　　書號0WPW0005

Wildlife Anatomy : The Curious Lives &
Features of Wild Animals around the World
by Julia Rothman
This edition published by arrangement with
Storey Publishing, an imprint of Workman
Publishing Co., Inc., a subsidary of Hachette
Book Group, Inc., New York, New York, USA.
through BIG APPLE AGENCY, INC., LABUAN,
MALAYSIA.
Traditional Chinese edition copyright : 2024
Walkers Cultural Enterprise Ltd
All rights reserved.

國家圖書館出版品預行編目(CIP)資料

動物生態解剖書：揭祕世界各地野生動物的奇妙習性
與生活 / 茱莉亞.羅思曼(Julia Rothman)著；王翎
譯. -- 初版. -- 新北市：遠足文化事業股份有限公司,
2024.04
208面 ;17 X 23公分
譯自：Wildlife anatomy : the curious lives &
features of wild animals around the world.
ISBN 978-986-508-289-5(平裝)

1.CST: 野生動物 2.CST: 動物生態學 3.CST: 通俗作品

383.5　　　　　　　　　　　　　　113000512

獻給熱愛小羊駝
（還有其他所有動物）
的奧利

目次

前言

我姊姊潔西卡·羅思曼博士在非洲烏干達的森林研究靈長類動物,研究主題是靈長類動物的營養需求,她想知道森林裡的猴子和山地大猩猩如何藉由與環境互動來攝取足夠的營養。她1997年就到烏干達研究猿類和猴子,到現在已經25年了!姊姊一開始是學生,如今已是教授,在紐約市立大學的亨特學院開授關於靈長類的課程。她每年有半年生活在紐約市,另外半年生活在烏干達,住在園區裡一間小屋,附近還住了其他研究野生動物的科學家。(有時我和姊姊用網路視訊通話,她會讓我瞧瞧在小屋前門門廊閒晃的狒狒。)

姊姊在烏干達住的小屋。

姊姊潔西卡。

她做研究時
拍到的照片。

潔西卡的研究工作也包括和烏干達野生動物管理局及馬凱雷雷大學密切合作，進行野生動物保育和人員培訓。數個月前，她向我提到兩名很有潛力的優秀學生，說她們需要籌措唸碩士班的經費。我非常樂意幫忙。

我會將這本書的
預付版稅全數捐給
這兩名學生。

買下這本書，你就能幫她們一把！

努蘇拉‧莎拉‧納姆嘉莎
（Nusula Sarah Namukasa）

66 我大學時曾經研究烏干達某個保護區內犀牛的飲食，我研究犀牛是因為想要成為這方面的專家，同學都叫我『犀牛媽媽』。關於犀牛的行為和牠們食用的草本植物，我學到很多。能夠學到這些，我覺得既興奮又滿足。現在應該要進一步研究犀牛為什麼吃這些植物，並且蒐集更多關於犀牛飲食營養的資訊，例如牠們攝取多少蛋白質和礦物質。未來要將犀牛重新引入野外時，這些資訊就是很好的參考資料。 99

娜德杜・艾斯特
（Nandutu Esther）

"我在烏干達野生動物保育教育中心擔任保育員已經四年了，一直都對長頸鹿很著迷。我目前是動物學碩士班學生，希望未來能夠成為研究人員。我想要研究長頸鹿的飲食，和牠們如何攝取需要的營養，我也想了解在氣候變遷影響之下，長頸鹿在棲地攝取的食物種類可能會發生什麼改變。"

如果你也想幫忙這兩位學生，我姊姊協助發起了助學募款活動，請翻到第205頁參考相關資訊。募得款項會由烏干達的學生直接收受。我們也整理了一份名單，列出數個野生動物保育團體。

謝謝各位讀者，很希望得知你們讀完本書的心得感想。不管是在Instagram或推特平台傳來的訊息，或你們寄來的電子信件和實體信件，我都會看。因為事務繁忙，我可能無法一一回覆，但我一定要跟你們說，我非常高興能收到大家的訊息和信件。

Julia Rothman

茉莉亞・羅思曼

第一章

全球各地

萬物組成的生態系

生態系是指生活在同一個地理區域裡，互有關係的植物、動物和其他生物所構成的網絡，天氣、地景等因素也都是生態系的一部分。生態系中每一個部分，都依賴其他部分才能生存。

生態系無所不在。不論是地底或樹頂，很小的潮池或城市裡的公園，一望無際的撒哈拉沙漠或南美洲雨林，都有生態系。

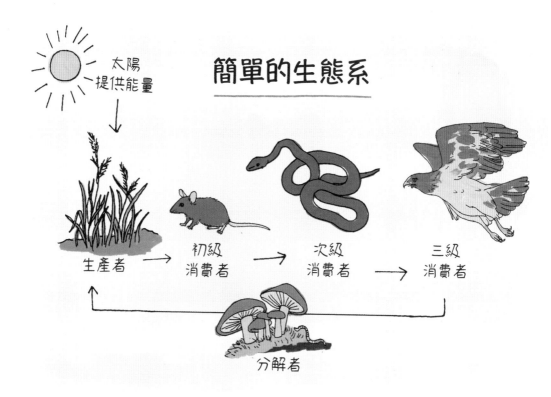

太陽
提供能量

簡單的生態系

生產者　→　初級
消費者　→　次級
消費者　→　三級
消費者

分解者

美東
花栗鼠

落葉林

落葉林春夏秋冬四季分明，冬季寒冷，夏季暖和，每年降雨量約762到1,524毫米。在美國東部、加拿大、歐洲、中國和日本，都有落葉林分布。

肥沃的土壤為各種各樣的植物提供生長環境，其中最高大的是枝繁葉茂的喬木。灌木和其他低矮植物通常會形成森林的中下層，而森林的地面層則生長著苔蘚、地衣、野花、蕨類和其他小型植物。

森林裡除了昆蟲、鳥類和哺乳類，也常有爬蟲類和兩棲類，種類繁多的植物為這些動物提供食物和遮蔽。

紅狐

普通蟾蜍

雨林

雨林中的水不斷循環，形成雨林獨有的天氣。
水蒸氣在白天上升到空中，凝聚成雨雲並帶來降雨。雨林分成
溫帶雨林和熱帶雨林，它們的典型特徵是遍布茂密植被和高大
樹木。在溫帶和熱帶雨林裡，滋養著非常多種植物和動物。

溫帶雨林 多半分布在沿海地區，因此氣候溼涼。
每年的降雨量為2,540到5,080毫米。全世界最大
的溫帶雨林位在北加州到阿拉斯加一帶，綿延達
4,023公里。

陸巨螈

熱帶雨林

熱帶雨林 分布在赤道兩側，氣候比較炎熱，日平均氣溫約攝氏24度。熱帶雨林也比溫帶雨林更加潮溼，每年降雨量可達10,160毫米。

鵎鵼

鳳梨科植物 的中央可以儲存水分，形成小水池。這些小水池裡也會形成自己的生態系，成員包括細菌、昆蟲、蛙類、甲殼類甚至鳥類。

沙漠

仙人掌
鷦鷯

沙漠的定義依據是乾燥程度，而非氣溫。通常年降雨量少於305毫米的地區即可稱為沙漠。生活在沙漠中的動、植物以不同的方式適應極端環境。

副熱帶沙漠 乾燥炎熱。

寒帶沙漠 終年寒冷。

海岸沙漠 夏暖冬涼。

雨影沙漠 位在山脈背風坡，是潮溼空氣被山脈擋住而形成的乾燥區域。

跳鼠

撒哈拉沙漠

撒哈拉沙漠是位在非洲北部的副熱帶沙漠，在全世界氣候炎熱的沙漠中面積最大，跟美國本土加上阿拉斯加差不多大。

阿塔卡馬沙漠

智利的阿塔卡馬沙漠位在海岸旁，是全世界最乾燥的地區，可能連續數十年不曾下過一滴雨。

戈壁沙漠

戈壁沙漠占地1,295,000平方公里，涵蓋蒙古部分地區和中國北部，是位在喜馬拉雅山脈和青藏高原背風坡的雨影沙漠。由於受到氣候變遷和人類活動影響，戈壁周邊草原逐漸沙漠化，沙漠的範圍也隨之擴大。

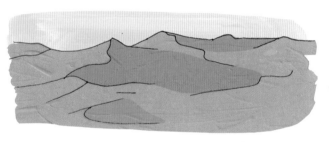

南極洲的乾谷區

南極洲的「乾谷區」地如其名非常乾旱，過去兩百萬年來不曾下過雨。乾谷區生態系不僅遍布岩石，還包含一些表面結凍的湖泊。這種湖泊的鹽分含量非常高，其中最大的「唐璜池」（Don Juan Pond）鹽度高達40%。

草原

熱帶和溫帶草原是生長了不同草本植物但樹木稀疏的廣大區域，覆蓋面積占地球表面的40%。草原的季節通常分成雨季（生長季）和旱季（休眠季）。溫帶草原的年雨量約508到889毫米，熱帶草原的年雨量則可能高達1,574毫米。

在雨量比較少的地區，草本植物可能長到約30公分高。如果是雨量比較多的地區，有些種類的草可以長到超過200公分高，地下的根部可以長到90至180公分那麼長。

草原上的野生動物和植物種類繁多，由於草原的土壤通常比較肥沃，世界上許多草原都已成為重要的農業區，全世界僅有不到10%的草原列為保護區。

大須芒草

頭狀
胡枝子

墨西哥
帽草光菊

紫色
匍匐蒿

三花
水揚梅

溼地

林澤 是長滿樹木的溼地，可能在內陸或沿海地區形成。

食魚蝮

草澤 是平坦多水的草原，通常分布在沿海或河口、海灣附近。

泥炭澤 出現在寒冷地區地下水位高的地方，多半是冰河刻蝕出的凹坑演變而成。

海洋

全球五大洋分別是北極海、大西洋、印度洋、太平洋和南冰洋，它們形成的龐大水體覆蓋地球表面的71%。地球上的氧氣，有一半都是由海洋生產。

海洋生態系包括海岸、海底熱泉、珊瑚礁、極區海域、巨藻林和紅樹林沼澤。靠近陸地的生態系生長著各式各樣的生物，而在海底深處的平原，只有少數幾種能夠適應深海環境的生物才能存活。

大堡礁是全世界最巨大的生命結構體，也是唯一從外太空還能看見的海洋生態系。

脊椎動物

這些動物都有脊骨。

蛇類

魚類

兩棲類

外溫
動物

鳥類

哺乳類

內溫
動物

無脊椎動物

這些動物沒有脊骨。

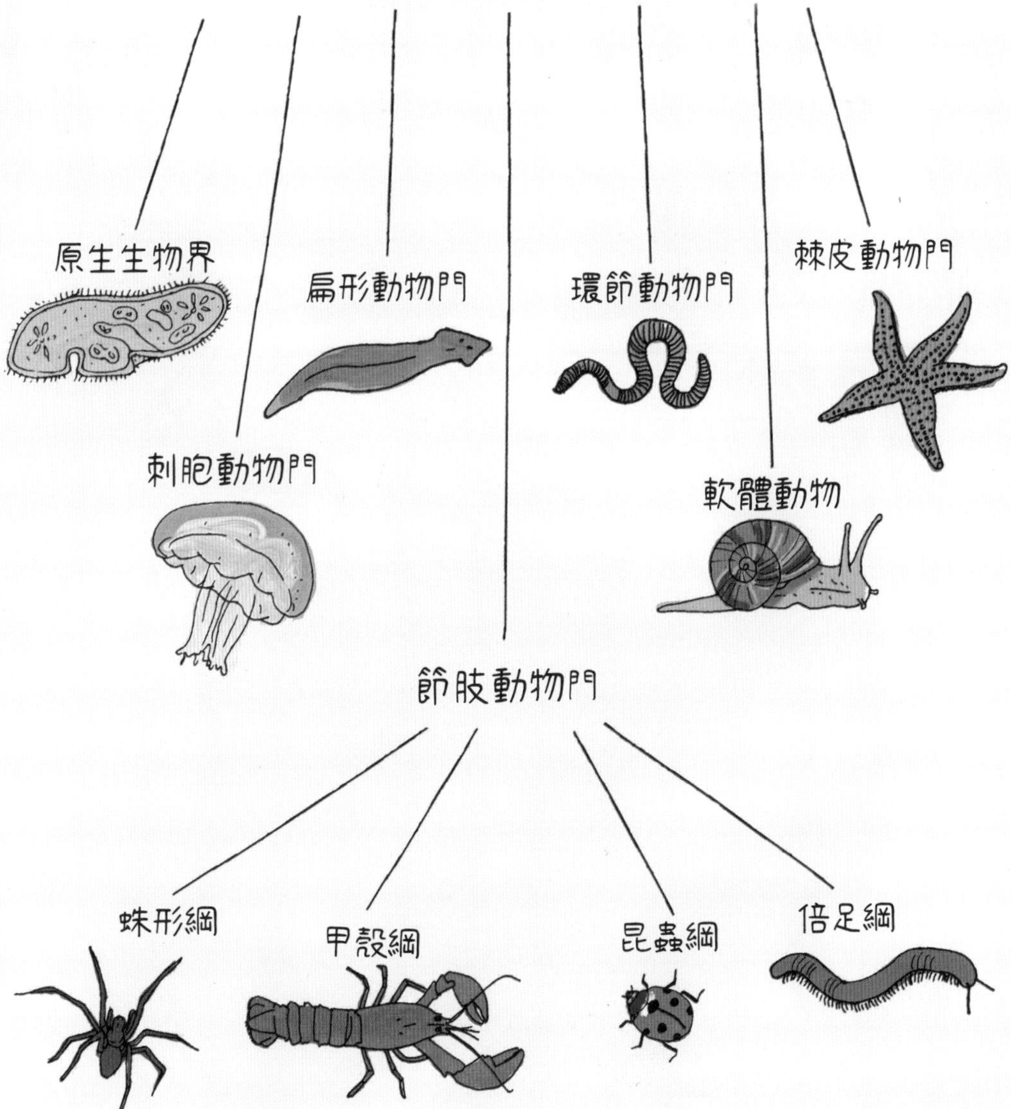

原生生物界

扁形動物門

環節動物門

棘皮動物門

刺胞動物門

軟體動物

節肢動物門

蛛形綱

甲殼綱

昆蟲綱

倍足綱

脊椎動物

三級消費者

非洲野犬　鬣狗　獅子　獵豹

次級消費者

穿山甲　土豚

初級消費者

牛羚　湯氏瞪羚

蝗蟲　收割蟻

初級生產者

長穎星草　黃背草

24

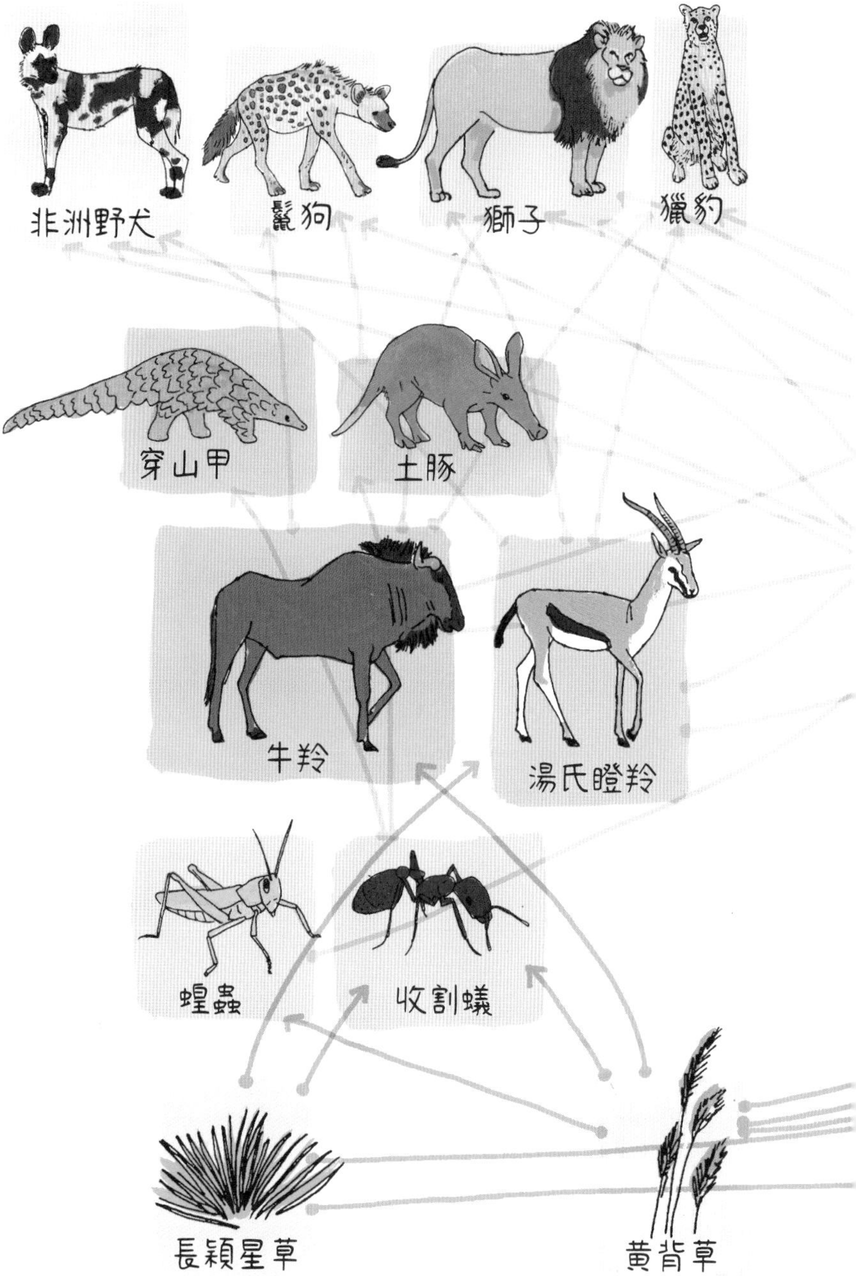

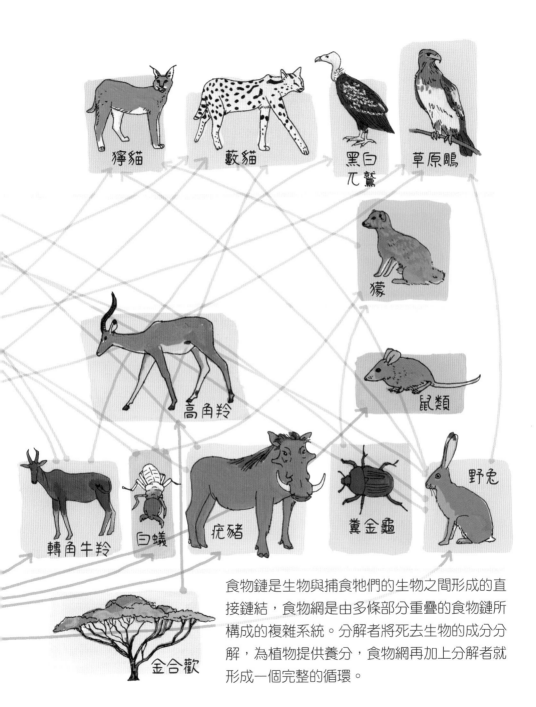

獰貓　　藪貓　　黑白兀鷲　　草原鵰

獴

高角羚

鼠類

轉角牛羚　白蟻　疣豬　糞金龜　野兔

金合歡

食物鏈是生物與捕食牠們的生物之間形成的直接鏈結，食物網是由多條部分重疊的食物鏈所構成的複雜系統。分解者將死去生物的成分分解，為植物提供養分，食物網再加上分解者就形成一個完整的循環。

口味大不同

植食動物 以植物為主食，有些會吃多種不同植物，也有些只吃特定數種植物，例如無尾熊就只吃尤加利樹的葉子。

無尾熊
尤加利葉

狐蝠　檳榔果實

食果動物 包括多種鳥類和蝙蝠，牠們都以果實為主食。

蝗蟲
菲比霸鶲

食蟲動物
有鳥類、爬蟲類、魚類、哺乳類，也有很多種昆蟲，牠們捕食特定種類的昆蟲。

北海獅
阿拉斯加鱈

肉食動物
捕食其他動物。全世界最大的的肉食性陸域哺乳動物是北極熊，最小的是遍布許多地區的伶鼬。

白面僧面猴

雜食動物
種類繁多，牠們幾乎什麼都吃，這種攝食策略可以大幅提高生存的機會。

老鼠屍體
蛆

食碎屑動物
包括各種蚯蚓、招潮蟹和糞金龜，牠們會將動物殘骸、腐爛植物等殘餘碎屑分解。

廣食性生物與寡食性生物

不論在任何生態系，能夠變通運用生存策略的動物，通常比角色僵化定型的動物更能適應環境的變動。

老鼠和郊狼都屬於適應力強的動物，牠們不挑食，有什麼就吃什麼，能夠改變覓食行為。人類數十年來想盡辦法撲殺這兩種動物，但牠們在都市區域還是大量繁衍，而且多半在人類鄰居看不見的地方活動。

有些動物的食性專一，甚至同一物種但不同群體的食性也可能有很大的差異。例如有些虎鯨群只吃海豹，其他的虎鯨群只吃鮭魚。當牠們偏愛的獵物數量減少時，牠們沒辦法改為捕食不同的獵物。

虎鯨

海豹

神奇的有袋動物

為了在地球上各種不同的環境生存下來，動物演化的方式五花八門。有些動物利用特化的身體部位來求偶或捕捉獵物，也有些動物發展出特殊的繁殖方法。

哺乳類之中的有袋動物，就發展出非常奇特的生殖策略。剛出生的幼獸就像還未發育完全的早產兒，牠們會爬進母親的育兒袋，在袋裡含著乳頭，一直吸吮乳汁到發育完全。這種生殖策略會讓新生幼獸承受比較大的風險，但是母親就不用耗費大量精力懷著很大的胚胎直到足月。

袋狸

袋熊

蜜袋貂

世界上的有袋動物超過300種，大多生活在澳洲和新幾內亞。中美洲和南美洲有大約100種負鼠，唯一一種生活在墨西哥以北的有袋動物是北美負鼠。

叢林袋鼠

短尾矮袋鼠

紋袋貂

麝袋鼠

長鼻袋鼠

生態系中的不法之徒

一個物種進入一個不屬於原分布區域的生態系，就稱為入侵種、外來種或引入種。入侵種在新進入的生態系中不扮演任何自然的角色，更重要的是沒有任何天敵。過去出現的入侵種動物或植物中，有許多物種過度繁殖，排擠原生物種，甚至造成原生物種滅絕。入侵種可能是在無意中被帶進原生地之外的生態系，例如跟著貨物一起運送至遠地的昆蟲，但也有不少入侵種是人類刻意引入。

野化家豬

目前分布於美國35州的野化家豬約有六百萬頭，每年對農業、個人財產和環境造成的損害總計達到15億美金。

緬甸蟒

美國佛羅里達州許多飼主養了緬甸蟒後，又覺得不符期待而棄養，流落野外的緬甸蟒已經吃掉州內九成的小型和中型哺乳動物。

海蟾蜍

海蟾蜍原生於墨西哥、中美洲和南美洲，許多國家為了控制甘蔗等作物的害蟲而引入海蟾蜍。

牠們幾乎捕到什麼就吃什麼，會和當地的原生兩棲類競爭棲地。在海蟾蜍原生的生態系中，有掠食者會捕食牠們，不怕牠們的有毒黏液。但在其他地方，想捕食海蟾蜍的動物往往會被黏液毒死，海蟾蜍數量就不再受到任何天敵抑制。

尼羅河尖吻鱸

這種鱸魚是世界上體形最大的淡水魚之一，體長可達約180公分，體重可達136公斤，原生於非洲北部，在1950年代為了促進漁業發展而引入維多利亞湖。尼羅河尖吻鱸食量奇大，而且繁殖力強，在20年內就造成湖中其他至少200種魚類滅絕。這種魚的肉富含油脂，很難晾晒成魚乾，漁民只能砍下湖畔樹木當柴火，用煙燻方式處理魚肉，也引發濫伐森林的問題。

第二章

尖牙和利爪

關於牙齒

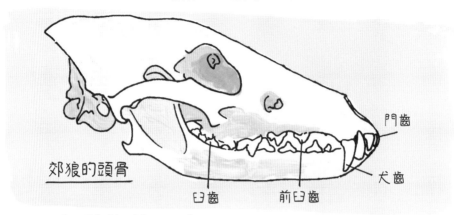

門齒

犬齒

郊狼的頭骨

臼齒　　前臼齒

肉食動物的牙齒

捕食其他動物的動物具有特化的牙齒，適合用來捕殺獵物、撕裂屍體
以及咬嚼肉和骨頭。鯊魚、鱷魚和其他許多肉食動物會時常換牙，即
牙齒掉落之後又長出新牙，確保隨時都有一口利牙。

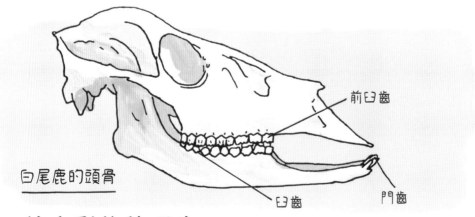

前臼齒

白尾鹿的頭骨

臼齒　　門齒

植食動物的牙齒

食用禾草和其他植物的動物也具有特化的牙齒，牠們的牙齒適合咬斷
和咀嚼植物，會因為不斷啃咬咀嚼而磨損。為了避免牙齒磨損到無法
使用，有些囓齒類和小型哺乳類動物的牙齒會不斷生長。

長相像獅子，
吃相像羚羊

獅尾狒長得很像獅子，但以草本植物和樹葉為主食。雄獅尾狒頂著一頭茂密的鬃毛，雄性和雌性的尾巴末端都有一撮毛，而且都有很長又尖銳的犬齒。

除了人類以外的靈長類動物都具有這種發育良好的犬齒，是用來展示，而非用來進食咀嚼。雄獅尾狒在威嚇時會將上唇向後翻，露出大部分牙齦和尖銳如匕首的牙齒。

獅尾狒只分布在衣索比亞的高山。由於牠們的胸口上有一塊皮膚是紅色的，也有人稱牠們「紅心狒狒」。

獅尾狒能夠發出豐富多變的叫聲，數個由雄性和雌性組成的小家族會形成較大的群體，數個群體再組成一個社群，包含的個體可能多達1,000隻，形成相互重疊的龐大社會網絡。

就犬齒大小與身體比例來看，獅尾狒的犬齒是所有哺乳動物裡最大顆的。

爪子的構造

貓科動物

無論家貓或是野外最凶猛的貓科動物,都有伸縮自如的爪子,適合用來捕捉獵物、攀爬上樹或抵禦攻擊。牠們的爪子生長不是單純變長,而是像洋蔥一樣層層增生。爪子尖端磨損變鈍時,貓科動物會磨爪子讓參差不平的外層脫落,露出新生的尖端,就能隨時保持爪子銳利。

- 爪鞘
- 甲床(指甲內嫩肉)
- 爪子

嚴格來說,貓科動物的爪子應該是「可延長」而非「可伸縮」,牠們放鬆時藉由控制韌帶收起爪子,要用時就收縮韌帶伸出爪子。

- 腕墊
- 掌骨墊
- 趾墊

犬科動物

狗的爪子不會縮起。爪子逐漸生長,而尖端會慢慢磨損,不至於長得太長影響步態。

獵豹的爪子構造介於貓爪和狗爪之間,牠們可以像其他貓科動物一樣伸長爪子,但沒有保護用途的爪鞘,爪子會一直從腳掌突伸出來,在奔跑時可增加抓地力。

令人驚奇的爪子

角鵰的爪子可長到近12.7公分，用於在樹林裡獵捕猴子、樹懶和負鼠。

角鵰

棕熊的爪子又長又直（可長到約10公分），可用來抓魚、挖掘植物根部和掏挖胡蜂巢，以及撕裂腐朽的樹木。

棕熊

長約
5到10公分

指猴

指猴是馬達加斯加的一種狐猴，有著細長的手指，會用特別長的中指輕敲樹木尋找昆蟲幼蟲。找到獵物的位置以後，牠們會用類似囓齒動物的突出牙齒啃入樹木，再用中指末端的利爪刺穿幼蟲後從樹木中掏取出來。

巨犰狳

巨犰狳的中指爪子特別長，非常適合用來挖掘地道和破壞白蟻丘。

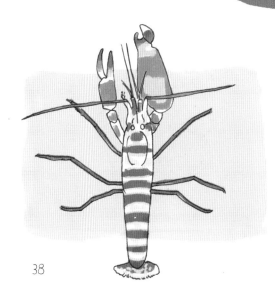

鼓蝦

鼓蝦光是快速並用力地開合大螯，產生的震波就足以震昏附近獵物。牠的大螯開合時力道強勁，不僅會發出劈啪聲響，還會連帶出現閃光！

水雉

水雉是熱帶地區的涉禽,有「葉行者」、「菱角鳥」等別稱,英文中也稱為「耶穌鳥」,牠的腳趾和趾爪很長,能夠行走在漂浮於水面的葉片上以捕食昆蟲、魚類和其他小動物。

三趾樹懶

二趾樹懶和三趾樹懶都有強壯的前臂和長長的爪子,能夠吊掛在樹枝上,不過牠們的後腿軟弱無力,幾乎沒辦法在地面上行走。

狩獵技巧

掠食性動物會追逐和撲殺獵物，牠們可能單打獨鬥，也可能成群結隊。有些掠食者發展出與眾不同的捕獵方法。

吹泡泡 大翅鯨會圍成圓圈，並吹出很多氣泡困住魚群，讓魚群分不清方向。接著牠們就能由下向上游入魚群，張開大口盡情吞吃。

撒網

澳洲的「撒網蛛」會先織好一面捕捉昆蟲用的小網，接著排出白色糞便當成標靶，自己伸出兩腳吊掛在目標靶正上方，四隻前腳則抓著那面小網。有昆蟲行經標靶時，牠就會降下來用小網捕捉昆蟲。

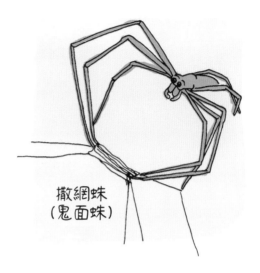

撒網蛛
（鬼面蛛）

鏈球蜘蛛

擲套索

鏈球蜘蛛捕捉獵物時不是撒網，而是甩動一段末端有黏球的蛛絲。牠們會散發模擬雌蛾氣味的費洛蒙，吸引毫無警覺的雄蛾靠近，等雄蛾靠得夠近時就將牠們黏住。

以叫聲誘捕

長尾虎貓生活在南美洲，是一種小型野生貓科動物。據觀察發現，牠們會模仿雙色獠狨幼獸的叫聲引誘成獸，等成獸進入獵捕範圍後出擊。

使用誘餌

紋面蝮蛇和其他數種蛇，會擺動尾巴末端偽裝成蠕蟲吸引獵物。

紋面蝮蛇

澳洲的鬚鯊會懶洋洋地搖動尾巴偽裝成魚。

鬚鯊

真鱷龜

真鱷龜會以自己的小舌頭作為誘餌，張口抖動舌頭引誘獵物。

美洲綠鷺

利用釣餌 美洲綠鷺會將樹枝、昆蟲或麵包屑投進水裡，引誘魚浮上水面。

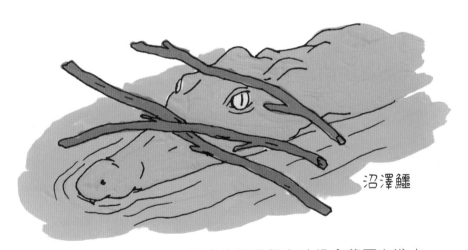

沼澤鱷

引誘上鉤再調包 印度的沼澤鱷有時候會藏匿在淺水中，讓樹枝掩蓋住自己的長鼻吻。鳥兒為了尋找築巢材料而靠近察看樹枝時，鱷魚就會忽然襲擊。

獅子家族

獅子俗稱「森林之王」，但牠們大多生活在草原上，而且主要由雌性負責狩獵，所以稱獅子為「草原女王」也許更加貼切。獅子是唯一群居的大型貓科動物，獅群（pride）成員數量不一定，可能僅由數頭獅子組成，也可能多達40頭獅子。

獅群中的所有雌性都有親戚關係。牠們會在差不多同樣時間懷孕和分娩，並一起撫養幼獅，其中幾頭雌獅去狩獵時，其他雌獅負責看顧幼獅。雄獅藉由吼叫來宣示獅群地盤的主權，有時會以打鬥來擊退其他雄性對手。

獅子狩獵時會成群結隊，是唯一會成群追捕獵物的貓科動物，但捕獵的效率並不佳。牠們奔跑時速度最高可達時速約56公里，但沒辦法維持很久，而且只在不用轉彎時才能跑這麼快，因此必須悄悄靠近獵物再發動攻擊。雌獅撲倒獵物之後，雄獅會湊過來先吃。幼獸等到最後才吃，在食物不足的時期可能會挨餓。

獅吼聲可以傳到距離約8公里遠的地方。

獅子和鬣狗占據的生態棲位大致相同，牠們是彼此的競爭對手。以前有一種刻板印象，認為獅子英勇狩獵，而鬣狗只能偷偷摸摸吃剩下的腐肉，如今已經遭到推翻。研究發現許多案例是斑點鬣狗先成功捕獲獵物，獅群才來將鬣狗趕走並搶食獵物殘骸。

從前獅群分布的區域

現今獅群分布的區域

以前非洲大部分區域都有獅群生活，如今獅群分布的區域只占從前棲地的6%。過去20年來，獅子數量減少了超過四成，原因包括獵物遭人類捕殺而減少、面臨盜獵和毒殺，以及棲地喪失。

根據Panthera.org網站資料重繪

鬃毛顏色深，
較短且稀疏，
不會蓋住耳朵

- 生活在印度古吉拉特
  邦的吉爾國家公園。
- 高度瀕危。全世界僅
  存約600隻。
- 捕獵較小的獵物，主
  要捕食斑鹿。

腹部皮膚有
一道皺褶

尾巴和肘部叢
生的一簇毛比
較明顯

獅群：由1頭雄獅和2或3頭雌獅組成

亞洲獅與非洲獅
超級比一比

鬃毛濃密厚重，
完全覆蓋頭和頸部

- 主要分布於非洲東
  部和南部。
- 易危。現存不到
  40,000隻。
- 捕獵較大的獵物如
  斑馬、牛羚和非洲
  水牛。

尾巴末端和肘部叢生
的一簇毛不太明顯

腹部皮膚
沒有皺褶

獅群：由2頭以上雄獅和
6頭以上雌獅組成

備受誤解的鬣狗

鬣狗千百年來惡名昭彰，但牠們其實是聰明且高度社會化的動物，應該獲得讚譽。雖然鬣狗一般被視為食腐動物，但牠們其實擅長捕獵，無論獨自或成群狩獵都能豐收而歸。牠們的食腐動物角色也很重要，能夠將獵物殘骸吃得乾乾淨淨。牠們的下顎寬大有力，能夠咬碎骨頭吞進胃裡，利用酸性極強的胃酸消化。

條紋鬣狗、斑點鬣狗、棕鬣狗和土狼都是鬣狗，牠們分布在非洲各地和亞洲部分區域，4種鬣狗截然不同。牠們都屬於鬣狗科，與犬科動物的關係會比與貓科動物的關係更親近。

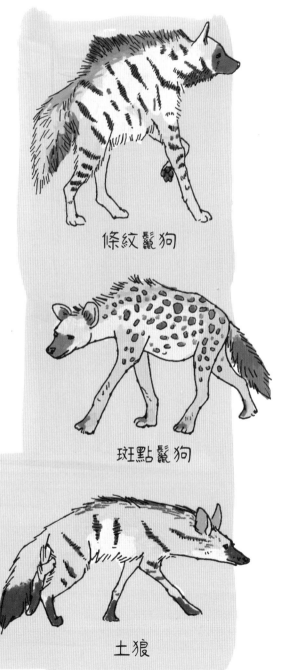

條紋鬣狗

斑點鬣狗

棕鬣狗

土狼

頂級掠食者

在很多生態系中會出現食物鏈頂端的「頂級掠食者」，牠們捕食其他動物，但沒有任何會捕食牠們的天敵。

北極熊

陸地上最大的肉食動物。

虎鯨

能夠獵殺和捕食食人鯊（大白鯊）。

老虎

犬齒最大顆（長約7.6至10公分）的貓科動物。

金鵰

以時速約240公里俯衝捕捉獵物。有時會捕捉比自身體形更大的獵物。

灣鱷

身長約5公尺，體重約450公斤，游泳速度最快可達時速約29公里。

科摩多巨蜥

身長可達3公尺，體重可能超過136公斤；口中會分泌毒液。

是豹？不是豹？
豹屬成員怎麼辨認？

豹屬（*Panthera*）包含5個物種：獅、虎、美洲豹、花豹、雪豹。「豹」（panther）指的可能是不同的動物，看說話者所在的地區而定。在世界上大部分地區，「panther」指的是花豹；但在中南美洲，講到「panther」時通常指的是美洲豹。

美洲豹的斑紋是斑點環圈裡還有斑點。

花豹的斑紋沒有這種斑點環圈。

在北美洲講到「panther」
時，通常指的是美洲獅，
也稱為山獅或「大野貓」
（catamount）。雖然英文
中會用「panther」來指稱美
洲獅，但美洲獅不是豹，在分
類上是美洲獅屬。

從前在美洲各地都有美洲獅分
布，但牠們的棲地現今已經急
劇縮減。雖然曾有零星的觀測
紀錄，但一般認為美洲獅已經
在美國東部大部分區域絕跡。
美洲獅的亞種佛羅里達山獅目
前受威脅等級為「嚴重瀕危
級」，世界上僅存不到200隻。

美洲獅／山獅／
大野貓

黑豹

黑豹其實是黑美洲豹或黑
花豹，牠們身上也有斑
點，一身黑毛其實是體毛
的黑色素過多所造成。

在所有大型貓科動物
中，只有獅子、老虎、
美洲豹和花豹能夠發出
吼聲。美洲獅只能發出
尖銳的叫聲。

彪軀虎體

東北虎

老虎有6個亞種，其中東北虎（也稱西伯利亞虎）的體形
最為龐大，體重可能超過272公斤，從吻端到尾巴末端的
身長可能達到3.65公尺。全世界現存的老虎約有半數皆為
孟加拉虎，雄虎的體重約204公斤，身長約2.7至3公尺，
雌虎的體形比雄虎再小一些。

白老虎很罕見，
是基因突變的孟加拉虎。

白老虎

無論毛皮是白色或橘色，每隻老虎身上的斑紋都是獨一無二的。

老虎的腳趾間有蹼，牠
們是游泳健將，喜歡待
在水裡。

苗條敏捷的獵豹

獵豹雖然也歸類為大型貓科動物，但是牠們身形瘦長，體重通常只有約63.5公斤。獵豹的視力絕佳，奔跑速度奇快無比，甚至可高達時速96公里。為了避免和獅子競爭以及其他因素，牠們會在白天狩獵。

獵豹會吠叫、尖鳴、低吼和發出低沉咕嚕聲，但牠們不會吼叫。

獵豹臉上有類似「淚痕」的條紋，有助於減少刺眼的陽光反射。

斑斑點點

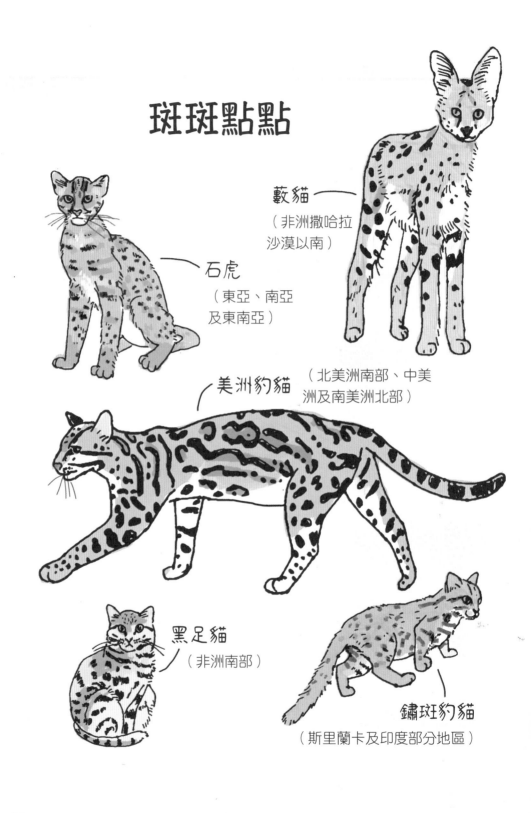

藪貓 —

（非洲撒哈拉
沙漠以南）

石虎

（東亞、南亞
及東南亞）

美洲豹貓

（北美洲南部、中美
洲及南美洲北部）

黑足貓

（非洲南部）

鏽斑豹貓

（斯里蘭卡及印度部分地區）

喬氏貓（南美洲中部及南部）

伊比利猞猁
（歐洲西南部）

長尾虎貓（中美洲及南美洲）

截尾貓
（北美洲）

細腰貓

細腰貓的頭部扁平、耳朵很小，身體修長、四肢偏短，有一點像小水獺。牠的毛短而濃密，毛皮呈紅色或灰色，同一胎裡可能同時出現紅色和灰色的幼貓。野生貓科動物的雙耳背側都有顏色與毛色呈對比的斑紋，只有細腰貓例外。

細腰貓跟美洲獅是近親，分布於中美洲和南美洲大部分區域。牠們很會爬樹，但主要在陸地上活動，捕食囓齒類、鳥類和爬蟲類。與大多數野生貓科動物相比，細腰貓白天比較活躍，而且活動時常常成雙成對。

就貓科動物來說，細腰貓的語彙豐富多樣，牠們能夠發出至少13種不同的叫聲，包括低沉咕嚕聲、喳喳聲和類似鳥叫的尖鳴。

馬島長尾狸貓

牠是貓嗎？是狗嗎？還是
獴？馬島長尾狸貓的外
形不像典型的「森林之
王」，卻是馬達加斯加的
頂級掠食者。牠跟獴和麝
香貓是近親，最喜歡獵食
狐猴，不過抓到其他獵物
的話也不挑食。

馬島長尾狸貓身長近180
公分，光是尾巴就占了一
半的長度。牠的尾巴有助
保持平衡，尖銳的爪子抓
握力很強，非常擅長跳躍
和攀爬，無論在樹梢上或
在地面都行動自如。

牠的足踝柔軟度很
好，能夠轉到幾乎朝
向正後方，所以牠能
以頭下腳上的方式從
樹上爬下來。

世界各地的熊

北極熊
- 全世界陸地上最大的掠食性動物。
- 皮膚為黑色；毛是透明的，而非白色。
- 可以一次吃下約68公斤的食物，接著好幾天不用進食。

棕熊
- 能夠生活在森林、苔原、山地甚至沙漠地區。
- 奔跑時最快可達時速48公里。
- 秋天時會拚命進食，冬眠時可能瘦到剩下原本體重的三分之二。

美洲黑熊

- 美洲黑熊有不同的毛色，可能是淺金色、紅色或深淺不同的褐色。
- 能夠發出多種不同的叫聲，包括尖嘯聲、齁齁聲和滿足時的低沉呼嚕聲。
- 會將背部靠在樹幹上摩擦，以及撓抓和啃咬樹皮來留下氣味記號。

眼鏡熊

- 主要在樹上生活，甚至會在樹上睡覺。
- 以植物為主食，尤其常吃鳳梨科植物，但也會捕食昆蟲和小動物。
- 每隻熊身上都有獨特的斑紋。

大貓熊

- 可以嚼爛非常堅硬的竹子。
- 好奇心強、活潑愛玩，喜歡翻筋斗。
- 有時會出現毛色為褐色和白色的大貓熊，但很罕見。

馬來熊

- 也稱為「狗熊」或「蜜熊」。
- 雖然有「太陽熊」之稱，但牠是夜行性動物。[*]
- 擅長攀爬，長時間在樹上活動。

[*]編注：在較少人為干預的環境裡，多在白天活動。

懶熊

- 名為懶熊是因為從前科學家認為牠們與樹懶有親緣關係。
- 以白蟻、螞蟻以及水果為主食。
- 母熊會將小熊背在背上；懶熊是唯一一種會這麼做的熊。

亞洲黑熊

- 長時間在樹上活動。
- 會抬前腳人立起來，甚至會站起來用後腳走路。[*]
- 也稱為「月熊」。

[*]編注：所有熊都會站立，只是偶爾這麼做。

狼獾：既不是狼，也不是熊

狼獾看起來像是小型的熊，但牠在陸地上的貂科動物之中體形最大，與水獺、鼬鼠（黃鼠狼）和臭鼬是近親。狼獾偶爾會吃植物，但牠其實是獨來獨往的凶悍獵人，在占上風的情況下能夠對付比自己大上好幾倍的獵物。牠吃腐肉，還會挖洞獵捕冬眠中的動物。

牠的牙齒尖銳，下顎強而有力，足以咬碎和咀嚼獵物的骨頭。

體重：約10至18公斤　　身長：含尾巴約84至112公分

狼獾的幼獸（kit）剛出生時全身為白色。

捕魚吃的動物

漁貓
- 分布於南亞和東南亞。
- 食物中有七成五皆為捕來的魚。
- 潛入水中也能悠游的游泳高手。
- 體形約為家貓的兩倍大。

一晚可以吃掉
30尾魚。

墨西哥
兔唇蝠
- 分布於中美洲和南美洲。
- 利用回聲定位精確辨認水面下方魚兒位置。
- 俯衝而下以細長尖銳的趾爪抓魚。
- 蝙蝠會因攝取食物不同而排出不同顏色的糞便：
  吃魚是黑色，吃甲殼動物是紅色，吃藻類和昆蟲
  則是綠色。

非洲漁鵰

- 主要在湖泊和河口周圍捕獵。
- 也會獵捕雁鴨。
- 雌鳥翼展可達2.4公尺，雄鳥翼展可達近2公尺。

非洲漁鵰如果捕到太重很難帶走的魚，有時候會降落到水面，然後拍打雙翅當成船槳划水到岸邊。

躍出水面打獵的魚

射水魚會噴出水柱將昆蟲射落水中；雙鬚骨舌魚（俗稱「銀龍魚」或「銀帶」）可躍出水面1.8公尺高並捕食樹梢上的昆蟲或小鳥。

蜈蚣

雙鬚
骨舌魚

不捕魚的漁貂

漁貂分布於加拿大和美國北部，也稱「漁貓」，雖然名稱裡有「漁」，但牠不吃魚，也不是貓科動物，而是體形中等的貂科動物。牠主要捕食野兔和其他小動物，但也會獵捕較大型的動物，如加拿大猞猁。

漁貂

只有極少數掠食者會時常獵捕豪豬，漁貂是其中之一。漁貂會攻擊豪豬的頭部讓牠暈頭轉向，然後將豪豬翻身咬破牠的肚腹。

小個子大力士

北美短尾鼩鼱

北美短尾鼩鼱是北美洲唯一一種能分泌有毒唾液的動物，牠們會捕食昆蟲、小型蜥蜴、老鼠和蛇。

伶鼬

伶鼬是世界上體形特別小的肉食動物，主要捕食小型囓齒類，但也能獵殺比自己大好幾倍的兔子。

美洲紅隼

美洲紅隼外形優美，是北美洲體形最小的隼。還有一種隼的體形更小，即分布於印度次大陸和東南亞的紅腿小隼，牠的體形和麻雀差不多。

捕鳥蛛的解剖構造

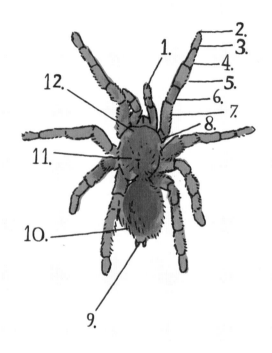

1. 觸肢
2. 跗爪
3. 跗節
4. 蹠節
5. 脛節
6. 膝節
7. 腿節
8. 轉節
9. 絲疣
10. 螫毛
11. 背甲
12. 單眼

毛茸茸的大蜘蛛

捕鳥蛛是世界上最大的蜘蛛，幾乎各大洲的暖和地區都能見到牠們的蹤跡。捕鳥蛛包含數百個物種，大多數原生於南美洲。

捕鳥蛛晝伏夜出，牠們不織網，而是悄悄接近獵物之後伺機捕捉，利用毒牙釋出的毒液殺死獵物。除了捕食多種昆蟲，牠們也會捕食體形較大的動物，如老鼠、蛇和青蛙。

墨西哥
紅膝頭蜘蛛

大多數雄蛛在交配後不久就會死亡，但雌蛛的壽命可能長達25年。雌蛛一次可產下多達1,000顆卵，接下來6到9週會在旁守護直到蛛卵孵化。

沙漠蛛蜂是一種大型寄生蜂，牠會先用毒液麻痺捕鳥蛛，接著在捕鳥蛛體內產下一顆蜂卵。沙漠蛛蜂幼蟲孵化後，就會將還活著的宿主當成食物吃掉。

沙漠蛛蜂

滿嘴巨齒的大魚

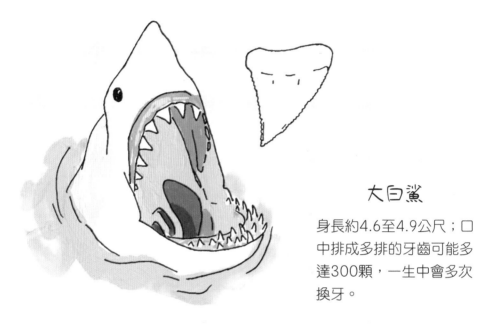

大白鯊

身長約4.6至4.9公尺；口中排成多排的牙齒可能多達300顆，一生中會多次換牙。

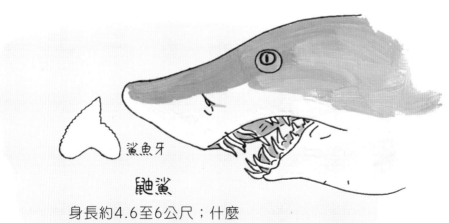

鯊魚牙

鼬鯊

身長約4.6至6公尺；什麼都吃，連無法消化的垃圾也照樣吃下肚。

鱔（俗稱「海鱔」或「薯鰻」）

有數種鱔的身長可達3至3.7公尺；鱔類的咽頷上有第二組牙齒，牠們會用這組「咽頭齒」將獵物咬住後吞下肚。

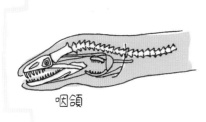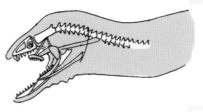

咽頷

巴拉金梭魚

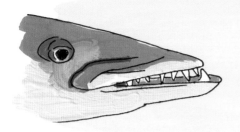

身長可達3公尺；依靠視覺狩獵，捕食較小的魚類時會將獵物咬成兩半。

鋸鱝

身長可達6公尺；可利用鋸齒狀的吻部偵測附近獵物發出的微弱電場。

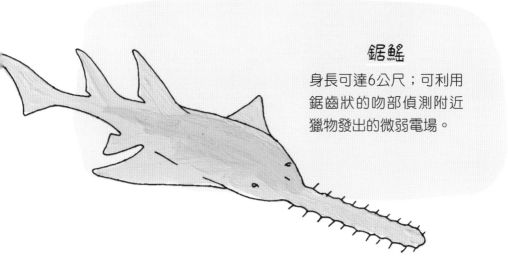

銳利鷹眼

非洲冠鵰

非洲的強大掠食者，能夠獵殺
體形是自身四倍大的動物。

虎頭海鵰

這種大型鳥類分布於日本和俄羅斯部
分地區，受脅等級為「易危級」。牠
的體重可能達9公斤，翼展可達約2.4
公尺，以鮭魚為主食。

楔尾鵰

澳洲體形最大的猛禽，
只要拍一下翅膀就能在
空中翱翔超過一小時。

菲律賓鵰

也稱為食猿鵰，現今僅分布於菲律賓群島中四座森林遍布的島嶼，受脅等級為「嚴重瀕危級」。

大多數猛禽的雌性體形都比雄性大。

（雄鳥）　　（雌鳥）

短尾鵰

分布於非洲多個地區，雄鳥和雌鳥的羽衣不同，因此很容易分辨，這一點在猛禽中相當特別。

猛鵰

非洲最大型的猛禽，也是最強猛凶悍的空中掠食者之一，牠們很擅長伺機捕獵，能夠瞥見相隔約4.8公里的獵物。

貓頭鷹的解剖構造

1. **耳朵** 有些種類的貓頭鷹耳孔位置左右不對稱,以便更準確地聽聲辨位。

2. **眼睛** 眼球呈圓柱狀,在頭骨內可能占去高達四成的空間,而且無法在眼窩中轉動。

3. **顏盤** 臉部周圍的硬挺羽毛能夠蒐集音波並傳送到耳中。

4. **嘴喙** 十分尖銳,方便撕裂獵物。

5. **頸椎** 共有14節,因此頭部可旋轉270度。

6. **羽毛** 有類似流蘇的鬚邊,有助於在飛行時保持靜悄無聲(僅部分種類具有此特徵)。

7. **爪子** 鉤狀的爪子適合捕捉獵物。

8. **對趾足** 兩趾向前,兩趾向後。

毛腿魚鴞

體形極大的貓頭鷹，站立時高約90公分，翼展可達約1.8公尺。僅分布於日本和俄羅斯的特定地區，會在河岸獵捕魚類和青蛙。

眼鏡鴞

原生於墨西哥、中美洲和南美洲北部，因臉上的特殊眉斑而得名。

眼鏡鴞幼鳥是白色臉部上有黑色眉斑；成鳥的臉部和眉斑顏色分布剛好相反。

眼鏡鴞幼鳥

姬鴞

這種嬌小的掠食者分布於美國西南部和墨西哥的沙漠地帶，體形跟麻雀差不多，主要捕食昆蟲。

猛鴞

牠們的飛行能力很強，從阿拉斯加到俄羅斯的北方針葉林都可以看見牠們的蹤跡。主要捕食囓齒類動物，也能在半空中獵捕較小的鳥禽。

頭部(仰視角度)

- 頭部較窄長且呈V字形。
- 閉起嘴巴時會露出第四齒。
- 顏色較深。
- 可生活於淡水和鹹水環境。
- 攻擊性較強。
- 分布世界各地。

鱷科與短吻鱷科
超級比一比

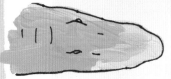

頭部(仰視角度)

- 頭部較寬且呈U字形。
- 閉起嘴巴時不會露出牙齒。
- 顏色較淺。
- 比較適應淡水環境。
- 攻擊性較弱。
- 僅分布於美國和中國。

為了將體溫控制在攝氏30至33度之間，鱷魚會在太陽下晒日光浴或者待在陰影處。鱷魚晒太陽時可能會張大嘴巴，是為了在讓身體熱起來的同時保持大腦涼爽。

致命毒蜥

鈍尾毒蜥

世界上有毒蜥蜴的種類極少，鈍尾毒蜥是其中之一，也是體形最大的美國原生蜥蜴。牠們不是將毒液注入獵物體內，而是抓住獵物之後大力咬下，將神經毒素經由牙齒內的溝槽擠入傷口。

牠們的體重可達約2.3公斤，身長可達60公分左右，能將脂肪儲存在尾巴，且好幾個月不用進食。

墨西哥毒蜥

這種毒蜥分布於墨西哥和瓜地馬拉南部，全身覆滿圓珠狀的細小鱗片。牠們白天大多待在洞穴裡，晚上才出來活動，能夠爬上樹捕食鳥類、爬蟲類和其他小動物。

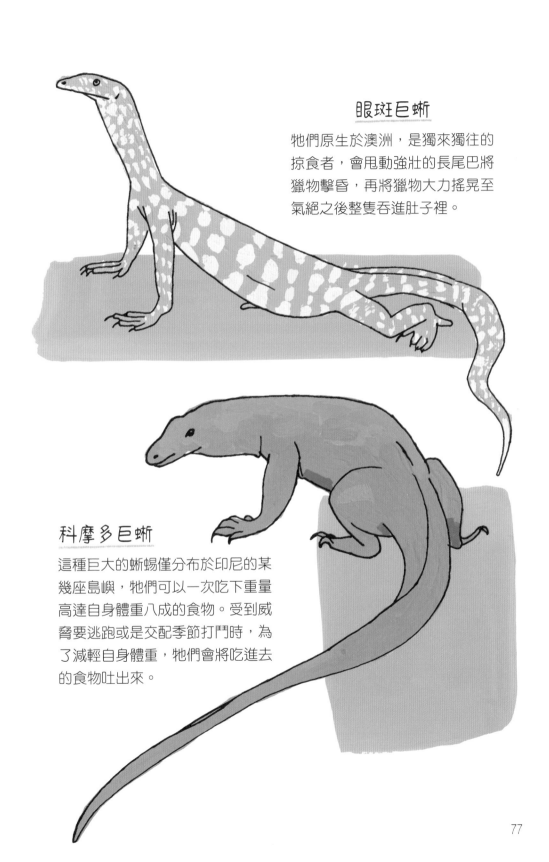

眼斑巨蜥

牠們原生於澳洲,是獨來獨往的掠食者,會甩動強壯的長尾巴將獵物擊昏,再將獵物大力搖晃至氣絕之後整隻吞進肚子裡。

科摩多巨蜥

這種巨大的蜥蜴僅分布於印尼的某幾座島嶼,牠們可以一次吃下重量高達自身體重八成的食物。受到威脅要逃跑或是交配季節打鬥時,為了減輕自身體重,牠們會將吃進去的食物吐出來。

吃屍體的猛禽

食腐動物在每個生態系中都扮演非常重要的角色，牠們會清除腐敗的動物殘骸，能夠幫忙抑制疾病擴散。全世界現有23種兀鷲和美洲鷲，各大洲中只有澳洲和南極洲沒有分布。

兀鷲和美洲鷲大多是高明的高空特技演員，擅長利用氣流飛升至高空，幾乎毫不費力就能在空中盤旋數小時之久。有些兀鷲和美洲鷲靠視覺覓食，牠們會緊盯哪裡有掠食者成功捕殺獵物或有禿鷲群聚集。大多數兀鷲和美洲鷲的嗅覺敏銳，能夠聞出哪個地方有死掉的動物。

兀鷲

非洲最大型的兀鷲，因為頸部
側邊有皮肉皺褶而得名。牠們
和其他多種食腐鳥類一樣，因
為棲息地喪失和人類獵捕而飽
受威脅，常常因為吃到中毒死
亡動物的腐肉而喪命。

紅頭美洲鷲

牠們白天獨自行動，到了晚上
才聚集成群，一群可能多達
30隻甚至更多。美洲鷲是北
美洲分布最廣的禿鷲。雌鳥會
將蛋生在洞穴中或地面上，雄
鳥和雌鳥會一起孵蛋和照顧幼
鳥。

王鷲

王鷲頭部的羽毛五彩繽紛，與
身上白色和黑色的羽毛形成強
烈對比。牠們的分布地區北起
墨西哥南部，南迄阿根廷北
部，是「一夫一妻制」動物，
只和單一伴侶交配。王鷲往往
最先找到動物屍體，但牠們的
嘴喙不夠有力，只能啄掉屍體
的眼睛，等其他比較強壯的鳥
類將毛皮撕咬開來。

第三章

植食動物知多少？

・雙眼在臉部正面，能夠鎖定奔逃的獵物。
・瞳孔為豎直或圓形，以便判斷景深和距離。
・雙眼視野範圍集中，所見影像更立體。

掠食者與獵物超級比一比

動物的角色是獵人或獵物，與雙眼在臉上的位置有很密切的關聯。有這麼一句古老諺語：「眼睛長兩邊，天生要被獵；眼睛長正前，天生要捕獵。」

・雙眼分很開，周邊視野更寬廣。
・瞳孔為橫條狀，更能將橫向全景盡收眼底。
・視覺焦點隨著頭部上下移動而改變。

獾㹢狓

- 和長頸鹿是近親。
- 舌頭很長，可以舔到自己的耳朵。
- 取食樹葉、果實和草葉。
- 喝水時必須將雙腿向外跨開。

長頸羚

- 也稱為「長頸鹿羚」。
- 會舉起前腳、只用後腳站著啃食樹葉。
- 能取食羚羊和瞪羚搆不到的樹葉。
- 所需水分全都來自取食的植物。

長頸鹿的解剖構造

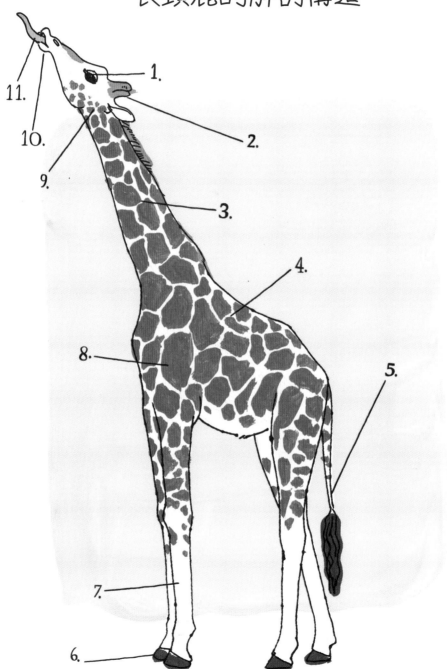

1.

2.

3.

4.

5.

6.

7.

8.

9.

10.

11.

1. **眼睛** 視野涵蓋自己的四腳和前方數公尺處。
2. **皮骨角** 覆有皮膚和毛的角;雄性和雌性頭上都有角。
3. **頸部** 有7節頸椎,每節的長度約25公分。
   頸椎之間的關節為球窩關節,因此長脖子能靈活轉動。
   頸部肌肉有粗大的韌帶支撐。
   利用特化的血管調節送往頭部的血流。
4. **斑紋** 深色斑塊底下分布密集的汗腺和血管具有散熱功能。
5. **尾巴** 末端的流蘇狀長毛可以拍擊昆蟲。
6. **腳蹄** 腳蹄直徑約30公分,每個腳蹄有兩趾。
7. **腳脛** 此部位緊繃的皮膚有助於調節血壓。
8. **心臟** 重量近11公斤,每分鐘心跳60至90次。
9. **頸關節** 在進食時能夠將頭部抬高至幾乎與脖子相互垂直。
10. **嘴唇** 靈活敏感,便於小口啃吃樹葉。
11. **舌頭** 長約45公分且為黑色,可避免被太陽晒傷。

雌長頸鹿的孕期為14至15個月,生下的幼獸重45至68公斤、高約183公分。幼獸出生數小時後,就能跑得比母親還快。

長頸鹿的主食是金合歡的葉子，牠們會用長約
45公分、精於捲纏的舌頭和靈活的嘴唇將樹葉
從長滿棘刺的樹枝上扯下來。牠們也會舔舐或輕
咬死掉動物留下的骨頭和獸角，以攝取鈣、磷等
無法自取食植物獲得的養分。

長頸鹿是群居動物，一群約包括10到20隻，成年長頸鹿的天敵不多，只有獅子和鱷魚會獵捕牠們。然而長頸鹿的生存受到人類的威脅，非洲4種長頸鹿裡已經有2種瀕臨滅絕。

一群長頸鹿在英文裡稱為
a tower of giraffes.

洞角

洞角的中心為骨質，外面包覆著角蛋白（就是構成指甲的物質）。洞角是自頭骨延伸並永久存在的部分，許多牛科動物（牛、綿羊、山羊、羚羊）的雄性和雌性頭上都有洞角。隨著動物成長，洞角也會愈長愈大。

牛角基部與前額相接處有一塊俗稱「大盾」的圓凸狀骨板（boss）。

非洲水牛

非洲水牛受威脅時，凶暴危險程度在全非洲數一數二。

劍羚

雌劍羚的角比雄性更長。

捻角山羊

螺旋狀的羊角可長到超過150公分。

黑馬羚

牠的學名是*Hippotragus niger*，意思是「毛色黝黑、長得像山羊的馬」。

跳羚

跳羚常常四蹄離地跳到半空中，還有數種羚羊也常做出這種「四腳彈跳」或「垂直跳躍」的動作，可能是為了逃避掠食者追獵，也可能只在玩耍。

羱羊

羱羊的腳蹄就像吸盤，能夠爬上幾乎垂直的表面，例如義大利境內阿爾卑斯山區的辛基諾水壩壁面。

壯觀的鹿角

鹿角是軟骨變硬後所形成，每年都會長大和脫落。還在發育中的鹿角外面覆有一層「茸毛」，這層毛皮能為發育中的骨質結構輸送血液。幾乎所有鹿科動物都是只有雄性會長角。

駝鹿

健康的駝鹿每天長出重約450克的鹿角。

紅鹿

體形第四大的鹿科動物，牠們的鹿角分岔數量最多可以達到「15尖」。

斑鹿

牠們分布於印度次大陸，特徵之一是成年之後身上仍有斑點。

馴鹿

馴鹿是唯一雄性和雌性皆會長角的鹿科動物。

加拿大馬鹿

雄鹿求偶時為了吸引雌鹿，會發出如同號角般的高亢叫聲。

羚羊

「羚羊」泛稱牛科動物之中牛、綿羊和山羊以外的成員。全世界共有91種羚羊，大多分布於非洲。

不同種類羚羊的體形差異很大，小者肩高僅約23至25公分，大者肩高可達約180公分。羚羊是反芻動物，會將吃進胃裡的食物送回口中咀嚼，牠們的胃分成多個部分，專門消化草葉、樹葉和其他植物。所有雄羚羊都會長角，牠們的角是空心的，與鹿角不同；有數種羚羊的雌性也會長角。

柯氏犬羚

嬌小的犬羚終生只和單一伴侶交配。牠們的英文名稱「dik-dik」源自雌性宛如尖銳哨音的示警叫聲。

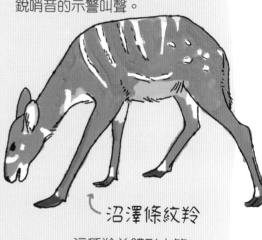

沼澤條紋羚

這種羚羊體形中等，腳蹄具有弧度且呈外斜，身上的蓬亂粗毛具有防潑水功能，方便牠們在多沼澤的地區活動。

東非條紋羚

雄性的角很長且呈螺旋狀；雌性不會長角，體形比雄性小很多。雄性和雌性身上都有條紋，但雄性年紀愈大，身上的條紋會慢慢消褪。

斑哥羚羊

生活在茂密森林裡的大型羚羊，紅褐色毛皮上帶有白色條紋。牠們會輕咬燒成木炭的木頭，以攝取鹽分和礦物質。

伊蘭羚羊

雄性體重最重可達900公斤，肩高約180公分，但動作很靈活，「立定跳遠」可以跳過約120公分高的圍籬。

倭新小羚

這種羚羊身型極為嬌小，體重僅約0.9公斤，生活在非洲西部的茂密雨林，當地人稱牠們為「野兔之王」。牠們很像野兔，後腳比前腳稍長，一跳可以跳超過2.7公尺遠。

倭新小羚　　野兔

蹄的解剖構造

馬蹄

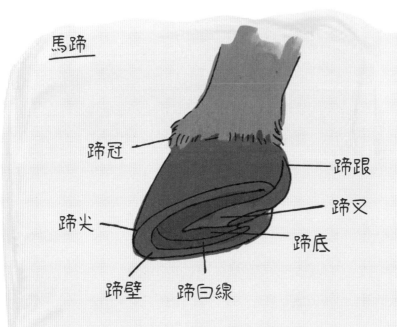

蹄冠

蹄跟

蹄叉

蹄尖

蹄底

蹄壁　蹄白線

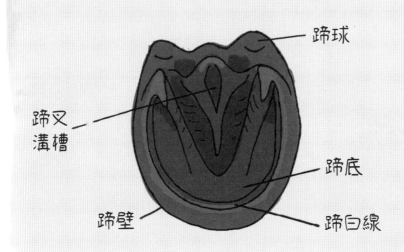

蹄球

蹄叉
溝槽

蹄底

蹄壁

蹄白線

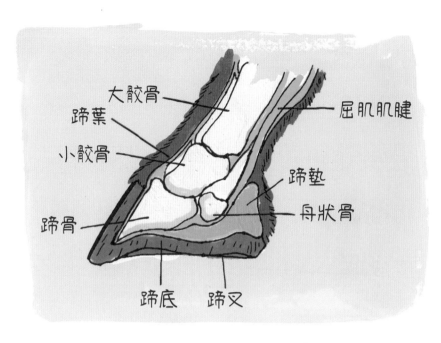

有蹄的哺乳動物稱為「有蹄類」。牠們的蹄底可能很堅硬或具有彈性,趾頭的個數可能是奇數或偶數。蹄就像手指甲或腳趾甲,由角蛋白構成,會持續生長。

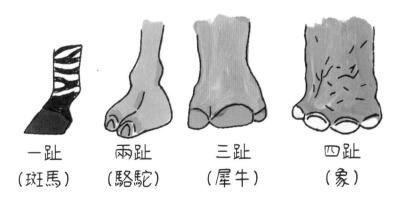

斑馬的解剖構造

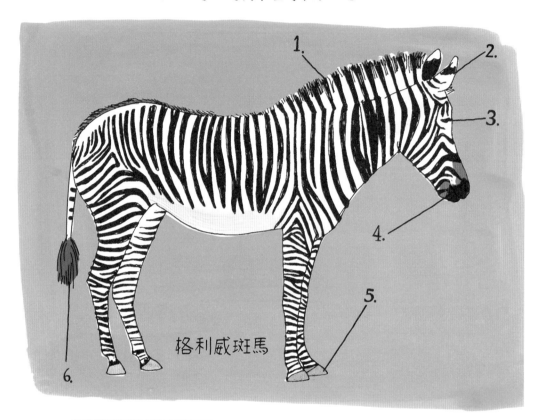

格利威斑馬

1. **鬃毛** 頸部的鬃毛豎立，兩耳之間沒有額毛。

2. **耳朵** 耳朵很大，聽力絕佳。

3. **眼睛** 雙眼間距很寬，跟貓頭鷹一樣在黑暗中也看得很清楚。

4. **牙齒** 會持續生長，也會因為不停嚼碎草葉而磨損。

5. **腳蹄** 有一趾；腿腳強壯有力，奔跑時可達時速約56公里，也能踢踹掠食者。

6. **尾巴** 末端呈流蘇狀，便於拍打驅趕昆蟲。

斑馬屬於馬科動物，和馴化馬是親戚。現今的斑馬分成三種：格利威斑馬、山斑馬和平原斑馬。三種斑馬身上的條紋圖案各不相同，而且每隻斑馬又各有獨特的條紋，就像每個人都有獨一無二的指紋。

平原斑馬

一般會形容斑馬的毛色是白底帶黑色條紋，但黑色條紋底下的皮膚其實是黑色的。這些條紋可能具備以下數種功用：

形成隱蔽色 整群斑馬能夠融入周遭環境，讓掠食者難以鎖定其中一隻。

驅蟲防叮 斑馬黑白相間的條紋似乎能讓馬蠅（虻）和其他害蟲暈頭轉向，讓這些蟲子比較難停在身上。

調節體溫 黑毛能夠吸熱，白毛則能反射陽光降溫。

山斑馬

野馬

美國西部和其他各地的「野馬」是馴化馬的後代，嚴格來說是「野生」的馬；真正的「野馬」只有原生於蒙古草原的普氏野馬。

這種馬在蒙古語中稱為「takhi」，於20世紀初期幾乎滅絕，當時只有自野外捕獲的14匹存活。普氏野馬至今仍然很罕見，全世界僅有約2,000匹，大多由動物園飼養，不過蒙古國曾於1992年再引入一小群普氏野馬。

普氏野馬

野驢

非洲野驢
唯一一種腿部有條紋的野驢。

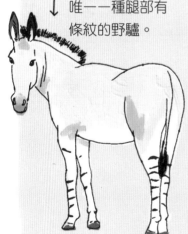

亞洲野驢 有三個亞種，分布於中國、蒙古國和亞洲部分地區。

西藏野驢 →
體形最大的野驢，四腳站立時從鬐甲（肩隆）到地面的體高可達140公分。

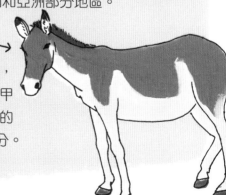

奇妙的叉角羚

叉角羚其實不是羚羊，和長頸鹿的親緣關係較近。

- 牠頭上的角不會脫落，但由角蛋白構成的角鞘會像鹿角一樣每年脫落。
- 奔跑時速最高可達88.5公里，是僅次獵豹的全世界第二飛毛腿；叉角羚的天敵都沒辦法跑得跟牠一樣快。
- 遷徙情況依棲地而有所不同，有些叉角羚會依季節長途遷徙（可能達240公里），有些在有需要時才遷徙，也有些全年都待在同一區域。

食草動物 包括斑馬、象、犀牛、兔子和袋鼠。

南方
白犀牛

根據所攝取的食物類型，植食動物可以再分成兩類。食草動物主要取食草類和其他低矮植物；食嫩植動物取食灌木叢和樹叢的樹葉、樹皮、嫩枝和其他長得較高大的植物。

食草動物與食嫩植動物

食草動物和食嫩植動物會在同一個棲地共存，因為牠們不會搶奪同樣的食物。大多數植食動物的腸道裡都有特殊的細菌，會分解牠們吃下的植物所含的大量纖維素。

食嫩植動物 包括長頸鹿、山羊、鹿、羚羊和羱羊。

湯氏瞪羚

麝牛

為了適應北極地區的環境，麝牛披著禦寒功能絕佳的雙層式毛皮，「外毛」粗長且重，「底毛」則細短柔軟。麝牛的底毛於春季脫落，因紐特人會利用這些麝牛毛來編織圍巾、帽子和其他衣物。

麝牛的天敵極少，除了狼以外，偶爾也會有熊想獵捕牠們。遭受攻擊時，麝牛群會圍成一個圓圈，將幼獸和比較虛弱的幾隻圍在中間，其他麝牛會併肩站立，並將尖銳的牛角朝外，使出這招就能有效嚇阻敵人。

雄麝牛於繁殖季會散發一股獨特的氣味，因而得名。

野牛

英文的「野牛」（bison）和
「水牛」（buffalo）兩詞有
時可通用，但野牛跟水牛其實
是不同的物種，沒有很近的親
緣關係。美洲野牛和牠的歐洲
近親都身形龐大，棲地包括森
林和長滿草類的平原。

牠們的毛粗長濃密，身體健壯
結實，能夠抵禦冬季的酷寒。
牠們會用沉重的頭顱和隆起的
肩部推開飄落雪花堆，取食埋
在底下的草葉。雄性和雌性都
會長出彎弧形的短角。

從前在北美洲和歐洲的平原和
森林曾有數以千萬的野牛，但
野牛數量在19到20世紀間銳
減。

現今約有30,000頭美洲野牛
生活在國家公園，野牛數量受
到控管，另外還有數千頭美洲
野牛是圈養的肉牛。歐洲野牛
在人類大肆獵捕之下，已在野
外絕跡，現今有數個國家將牠
們再引入原生棲地。

美洲野牛

歐洲野牛

野牛塊頭很大，動作卻異常靈
活。牠們奔跑的時速可達56公
里，還能跳過高120公分的圍籬。

非洲水牛

非洲水牛有一些行為與其他牛科動物截然不同，例如小牛吸奶時不是在母牛身側，而是從母牛身後伸頭吸奶。

牠們的牛角長且彎曲，總長度可達約180公分。

水牛有偏好前進的方向時，會用面朝該方向的方式來通知其他水牛。如果有夠多隻水牛都面朝同樣的方向，水牛群就會一起朝著那個方向前進。據說非洲水牛會追趕以前攻擊過牠們的人類和獅子。

關於大象的二三事

象鼻是象的鼻子和上唇，既強壯又靈敏，能夠將一棵樹連根拔起，也能摘起一片草葉。大象可以像人類運用雙手一樣運用象鼻，此外也會用象鼻呼吸和喝水，喝水時是將水吸到長鼻中再送進嘴裡。

大象會依據季節不同取食不同的植物，牠們吃禾草、灌木叢、樹葉和果實，也吃小喬木的嫩枝和樹皮。為了攝取日常活動所需的足夠能量，牠們每天平均花16小時覓食和消化食物。

大象某些部位的皮膚可能
厚達2.5公分，但是象皮
不僅對昆蟲很敏感，也很
容易晒傷。牠們會泡在水
裡、在溼泥中打滾，或朝
自己身上噴灑泥漿來保護
皮膚。象皮上很深的皺紋
可以吸收溼氣，藉此幫助
降溫，另一種散熱降溫的
方法是搧動大片耳朵。

象群社會

象群由一頭母象帶領，她通常是象群中年齡最長的母象，她能善用
漫長記憶和生命經驗，帶領象群找到水和食物以及脫離險境。雌
象成年後通常會留在原生象群，進入青少年期的雄象會組成「單身
漢」象群，而年紀較長的雄象常常會有很長一段時間獨來獨往。象
群會四處移動尋找食物，也會聚在一起形成規模更大的群體。

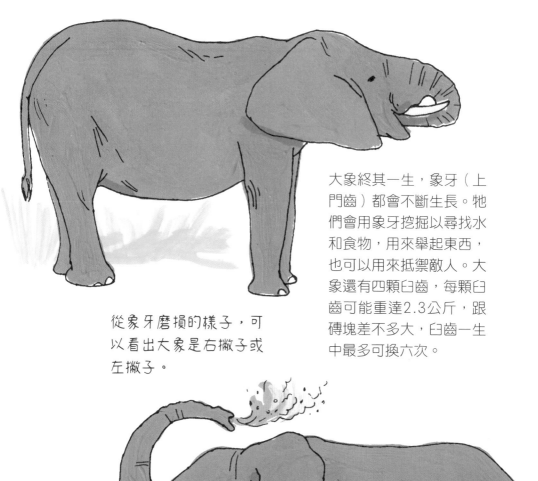

大象終其一生，象牙（上門齒）都會不斷生長。牠們會用象牙挖掘以尋找水和食物，用來舉起東西，也可以用來抵禦敵人。大象還有四顆臼齒，每顆臼齒可能重達2.3公斤，跟磚塊差不多大，臼齒一生中最多可換六次。

從象牙磨損的樣子，可以看出大象是右撇子或左撇子。

為了保護皮膚，大象會泡在水裡、在溼泥中打滾，或朝自己身上噴灑泥漿。

非洲象

- 頭形渾圓。
- 耳朵很大，形狀有點像非洲大陸。
- 雄性和雌性都有長長的象牙。
- 皮膚很多皺褶。
- 象鼻上有兩個指狀突起。

- 雌性體重可達約3,630公斤；雄性體重可達約6,800公斤。

非洲象與亞洲象
超級比一比

亞洲象

- 頭部有兩塊隆起。
- 耳朵較小且形狀較圓。
- 象牙短，通常只有雄性的象牙會外露。
- 皮膚比較平滑。
- 象鼻末端有一個指狀突起。
- 雌性體重可達約2,720公斤；雄性體重可達約4,990公斤。

所有動物的鼻子中，大家
最熟悉的可能就是象鼻。
長長的象鼻十分敏感，不
僅用來呼吸空氣，無論取
食、喝水、泡水沖涼、撿
拾和移動樹枝或其他東
西，都要用到象鼻。

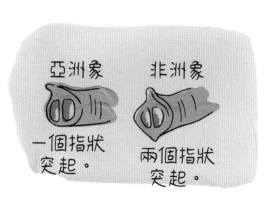

亞洲象

一個指狀
突起。

非洲象

兩個指狀
突起。

牠們的名字裡也有「象」

象鼩

出人意料的是，象鼩確實和大象有親緣關係，牠們在距今數千萬年前有一個共同的非洲祖先，在分類上都屬於「非洲獸總目」（包括由共同祖先演化成的各種哺乳動物）。

象鼻海豹

象鼻海豹的長鼻很引人注目，牠們的鼻子能夠回收呼出氣體中的水氣，讓牠們待在陸地上時能保持體內的水分充足。雄性的鼻子比雌性的更大，牠們在繁殖季時會將鼻子鼓脹起來發出吼聲。

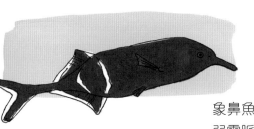

彼氏錐頜象鼻魚

象鼻魚的魚下巴特別長，會從下巴放出微弱電脈衝來尋找食物。

呵哈，呵哈，河馬萬歲

雄河馬的體重可能高達2,268公斤。河馬是群居動物，白天大多待在水裡，晚上才上岸吃草。牠們在岸上的動作也異常敏捷，在水中相當凶暴，會衝撞攻擊船隻，「非洲最危險動物之一」的稱號絕非浪得虛名。

河馬與大象、犀牛並列陸
地上體形最大的動物。

河馬巨大的嘴巴可以張大到150
度。雄性的犬齒又長又尖銳，趕
走敵人時常常造成對方重傷。

河馬流汗時不是流出汗水，而是
流出一種油膩的紅色液體，這種
液體不僅能夠防晒和防止皮膚過
度乾燥，可能也有助於預防細菌
感染。

河馬排便時會甩動粗扁的尾巴將
糞便灑向四周，用意是標示地盤
和宣示主權。

麝雉

英文名稱「Hoatzin」發音近似「華辛」，是以樹葉為主食的獨特鳥類。牠們很像鹿和牛，利用消化系統裡的細菌分解食物。牠們的嗉囊分成兩個腔室且非常巨大，因此肌肉不發達，也不擅長飛行。

麝雉消化食物的過程特殊，會因此散發一股難聞的味道，很少有獵人會獵捕。

麝雉是群居動物，生活在雨季時河水會氾濫的亞馬遜雨林，牠們會用樹枝在樹上搭建出高懸於河面上的鳥巢。

幼鳥一出生雙翅下方就有鉤狀翼爪，而且會游泳，受到蛇或猴子等掠食者的威脅時會跳入水中，之後再用爪子攀抓樹幹爬回巢裡。

麝雉俗稱「臭鳥」

麝雉的巢

黃頭鷺與牛鸝

對於許多食草動物群來說，壁蝨、馬蠅和其他寄生蟲都會造成嚴重的蟲害。黃頭鷺和牛鸝這兩種鳥截然不同，但都擔任牛群和其他多種動物的清潔工。

黃頭鷺

牠們會跟著食草動物群，趁機捕食被獸蹄踏過草地驚動的蝗蟲和小型脊椎動物，也會啄食大型動物身上的壁蝨和馬蠅。

黃嘴牛鸝

牠們的嘴啄扁平，方便啄梳毛髮，而且爪子特別長，適合從各種角度抓攀。一隻牛鸝一天就能啄食數百隻壁蝨，而且從疣豬、長頸鹿、獅子到河馬等動物都能享受到這種除蟲服務。牠們也吃耳屎，還偏好鮮血的滋味，因此會啄開動物身上的傷口讓鮮血不斷流出。

羊駝 + 小羊駝

羊駝和小羊駝都是經過馴化的南美洲原生動物。牠們不僅是馱獸，也提供珍貴的毛料，如今在世界各地都能看到牠們的蹤影。

羊駝和小羊駝的幼獸都稱為「cria」。

原駝

原駝和小原駝是未馴化的野生種,與馴化的羊駝和小羊駝是近親。

小原駝

駱駝的解剖構造

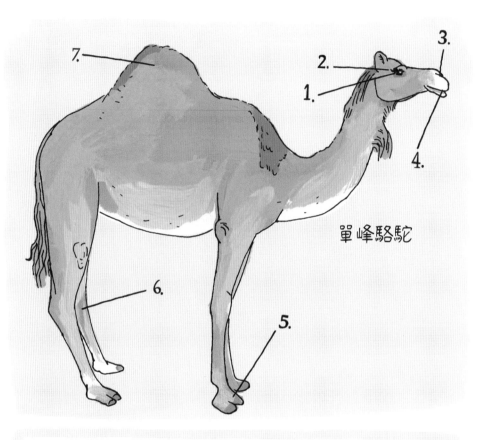

單峰駱駝

1. **瞬膜** 眼睛裡可蓋住眼球提供保護的一層薄膜。
2. **睫毛** 長長的雙排眼睫毛能夠阻絕沙塵。
3. **鼻孔** 在沙漠中遇到風暴時能夠閉合。
4. **嘴唇** 上唇中央裂縫兩側的唇瓣能夠分別掀動。
5. **腳蹄** 腳有兩趾，腳掌的厚扁肉墊能夠彈性伸展，行走時就不會陷進沙裡。
6. **後腿** 駱駝臥倒時屈起收合的後腿，有點類似折疊收合的門片鉸鏈。
7. **駝峰** 儲存脂肪而非水分。

駱駝取食多種植物，也會吃仙人掌，連仙人掌刺也照吃不誤。由於駝峰內儲存了足夠的脂肪，駱駝即使超過一週不喝水或好幾個月不進食也能生存。

哺乳動物大多不能飲用半鹹水，但是雙峰駱駝可以。駱駝口渴時，可以在數分鐘內喝下約114公升的水。

雙峰駱駝

駱駝走路時的步態稱為「溜蹄」，跟長頸鹿走路時一樣，也就是同一側的前後腳同時邁步，而不是一側的前腳和另一側的後腳同時邁步。這種步態效率很高，因此駱駝能持續以時速約40公里的速度行進。

第四章

社會網絡

靈長類族群

靈長類動物包含許多截然不同的物種，有非常嬌小的狨猴、眼睛大大的懶猴和體形最大的山魈，也有身形龐大的山地大猩猩。世界上許多地區都有靈長類，但大多數靈長類只生活在特定的區域。

■ = 表示人類以外靈長類
動物分布的地區

靈長類動物之中，只有人類這個物種分布世界各地。

約有六成的靈長類動物瀕危或受脅而有滅
絕風險，主因是棲息地喪失。

猿類

白掌
長臂猿

長臂猿 是體形最小的猿類。牠們和其他體形較大的猿類不同，主要在樹上生活，靠著修長手臂和彎鉤狀手指在樹梢間靈活地擺盪穿梭，這種運動方式稱為「臂躍移動」。

大多數種類的長臂猿出生時全身白色，毛色隨著年齡增長而改變。有數種長臂猿的雄性是黑色，雌性則是米黃或淺棕色。

長臂猿用後腿行走時，常常將兩隻長手臂高舉過頭。

黑猩猩 基因與人類基因的相似度最高。牠們的社群和人類社群一樣複雜且階級分明，牠們會和家族成員及朋友發展出深厚情感，並運用多種不同的方式溝通。黑猩猩的領域觀念很強，會和來自不同群體的闖入者打鬥，甚至殺死對方。

牠們不但會改造樹枝釣白蟻，會用石塊砸開堅果，還會合作獵捕猴子和小型羚羊等動物。

黑猩猩與人類的親緣關係相近程度之高，甚至超過黑猩猩與大猩猩。

巴諾布猿 比黑猩猩體形稍小，也更纖瘦，只分布於非洲中部的剛果民主共和國境內。牠們是母系社會，會互相合作並盡量避免衝突，在靈長類動物中顯得相當特殊。

紅毛猩猩 只分布在婆羅洲和蘇門答臘。棕櫚油業者以火耕方式開墾農地，紅毛猩猩的棲地遭到嚴重破壞，現已瀕臨滅絕。紅毛猩猩住在樹上，大多獨來獨往，以果實為主食。雄性的體形約為雌性的兩倍大，隨著年紀漸長，有些雄性臉上會長出巨大的「肉頰」。雌性大約每8年生一胎，育兒時間長達數年。

大猩猩 分成東部大猩猩和西部大猩猩，兩種各有亞種，受脅等級皆為「瀕危級」。大猩猩生活在非洲撒哈拉沙漠以南的茂密林地，牠們個性溫和，以植物為主食，群體是由成年雄性帶領的小家庭。成年首領也稱為「銀背大猩猩」，這個名稱源自雄性大約十歲時背上長出的淺色體毛。

狹鼻猴

獼猴

紅猴

葉猴

- 分布於非洲、亞洲和直布羅陀。
- 可能是地棲或樹棲動物。
- 尾巴無法捲纏；其中數種沒有尾巴。
- 鼻吻突出，鼻孔間距很窄。
- 群體由雄性和雌性個體組成；雄性很少幫忙育兒。

山魈

狒狒

寬鼻猴

吼猴

松鼠猴

白面
捲尾猴

- 分布於中美洲和南美洲。
- 大多以樹棲為主。
- 尾巴很長,其中數種的尾巴能夠捲纏。
- 鼻吻扁平,鼻孔間距很寬。
- 家族群體一起生活;一夫一妻制,雄猴和雌猴一起育兒。

白禿猴

黑狐尾猴

紅腿
白臀葉猴

這種猴子渾身「打扮」華麗多彩，有「戲服美猴」和「森林女王」之稱。雄猴和雌猴的毛色都很豐富多變，銀灰色的背部和腹部襯著黑色的雙肩和大腿以及白色的前臂，還有成為命名由來的亮紅棕色「綁腿」。

頸部有一塊與「綁腿」相襯的紅棕色毛皮，深橘黃和淺粉橘雙色的臉孔外鑲一圈白毛，淡藍色眼皮下方一對鼻孔小巧優雅。牠們的長尾巴是白色的，根部有一叢呈三角形的白毛，雄猴的這叢白毛上方還有白色斑點。

狨猴與獠狨

這些小型靈長動物吃果實、花朵和昆蟲，也會用牙齒啃刮樹皮取食樹汁和樹脂。

牠們通常會組成小家族一起過群體生活。一個家族裡通常每次只有一隻雌猴產下幼猴，每胎幾乎都是雙胞胎，整個家族會合力照顧幼猴。

狨猴和獠狨有尖銳的爪子而非扁平的指甲，牠們也沒有對生的拇指。

皇狨猴

普通狨
（白耳狨）

侏儒狨猴

金獅狨

社交梳理

動物個體之間的「社交梳理」具備很重要的功用，不僅能去除身上的寄生蟲，還能相互溝通、培養感情，以及維持社會秩序。

金剛鸚鵡會為伴侶梳理
羽毛來促進情感。

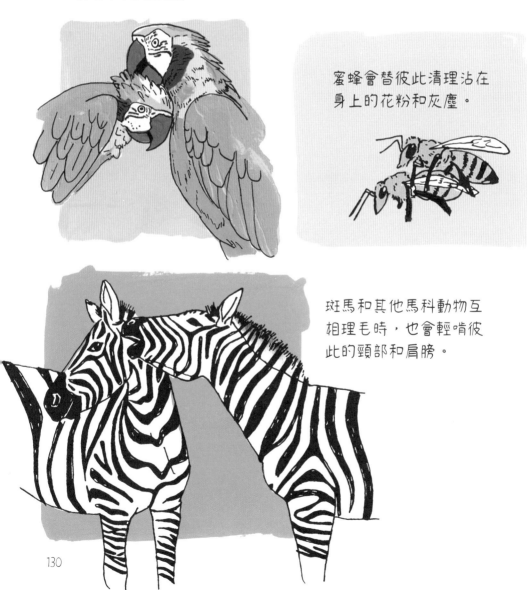

蜜蜂會替彼此清理沾在
身上的花粉和灰塵。

斑馬和其他馬科動物互
相理毛時，也會輕啃彼
此的頸部和肩膀。

獅子藉由摩擦頭部和相互舔舐
來維持獅群成員之間的關係。

狐猴和其他原猴有特化的
「理毛爪」，很適合用來梳
理彼此身上的濃密毛髮。

日本獼猴跟很多靈長動物
一樣，比較常幫自己的親
屬理毛，不常幫親屬以外
的群體成員理毛。

伶猴會將尾巴交纏
以增進伴侶之間的
情感。

認識鰭足類動物

大多數鰭足類動物（海豹、海獅、海狗和海象）在繁殖季都會大量聚集。

北海獅

無論在陸地上或水中，都會
用鼻子噴氣、打嗝、低吼和
發出嘶嘶聲或咔噠聲等方式
互相溝通。

加州海獅

從北美洲到中美洲西部海岸沿
岸有多處加州海獅會大批聚集
的繁殖地。

海狗 有小小的外耳，後鰭肢可以向前轉動，能在陸地上行走，海豹在陸地上就沒辦法這樣移動。

海象 體形之巨大在鰭足類中數一數二，雄性體重可達約1,360公斤，身長可達約3公尺，雌性大約只有雄性的一半大。雄性和雌性都有獠牙，這對外露的犬齒最長可長到0.9公尺，牠們的唇上還有濃密的鬍鬚。

牠們會用獠牙在冰層中鑿出通氣孔，也會利用獠牙將自己撐托上岸。雄性會將獠牙當成武器捍衛自己的地盤，或和其他雄性打鬥以爭奪交配權。海象的鬍鬚很敏感，可以在海床搜尋和捕食蝦蟹、軟體動物和其他多種海洋生物。

象鼻海豹

體重可達3,175公斤，比北
極熊大上數倍也重上數倍。

威德爾海豹

牠們在南極洲的冰層下獵捕
食物，會朝冰層吹泡泡將躲
在縫隙的魚群嚇出來。

縞獴

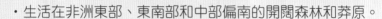

- 生活在非洲東部、東南部和中部偏南的開闊森林和莽原。
- 縞獴群體由雄性和雌性個體組成，通常約20隻，但也可能多達40隻。
- 為了抵禦掠食者，縞獴會聚攏之後一起移動，讓整個群體看起來像一隻大型動物。
- 年幼的縞獴會跟著一隻沒有親屬關係的成年縞獴學習覓食技巧。

136

狐獴

- 生活在非洲南部乾燥少雨的開闊草原，以昆蟲為主食。
- 一群狐獴（a mob of meerkats）約由10到15隻組成，成員分屬不同家族。
- 牠們的社會化程度很高，會以至少10種不同的聲音互相溝通，包括咕噥、低吼和警告同伴有危險時的吠叫聲。

整群進食和玩耍時，
成員會輪流擔任哨兵
站崗守望。

紅鸛的解剖構造

羽毛的粉紅色來自攝取的食物。

進食時會將嘴喙上下顛倒,是為了從含在嘴裡的水中過濾出蝦子、軟體動物、藻類和其他食物。

腳很長而且趾間有蹼,適合涉水行走。

豔麗浮誇的紅鸛群

全世界共有6種紅鸛，大多分布於南美洲和非洲，數量龐大的紅鸛群（flamboyance）一起過著群居生活。幼鳥出生時羽毛是白色的，嘴喙原本是直的，隨著年紀增長變成彎弧狀。

裸鼴鼠

「真社會性」昆蟲中最著名的例子是螞蟻和蜜蜂，在牠們的社會中，群體比個體更重要。整群的活動都以負責繁衍後代的蟻王和蜂王為中心，其他成員各司其職，負責照顧幼蟲、尋找食物或抵禦外敵。

據目前所知，只有兩種哺乳動物發展出類似的複雜社會結構，其中一種是裸鼴鼠（另一種是達馬拉蘭鼴鼠）。

鼠后

裸鼴鼠平均一胎12隻，有時也可能多達30隻，在哺乳動物中最為「多產」。

挖掘工鼠

清潔工鼠

工鼠挖掘地道時會組成隊伍，以類似
生產線的方式將泥土運到地面。

工鼠的挖掘工具就是會不斷增
長的長牙。牠們可以將牙齒露
出但閉起嘴唇，挖掘時就不會
吃得一嘴土。

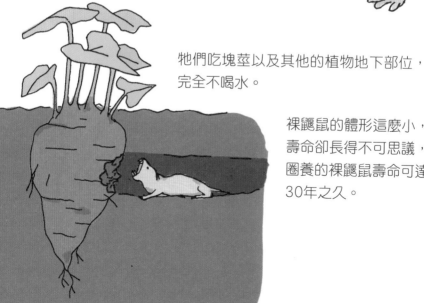

牠們吃塊莖以及其他的植物地下部位，
完全不喝水。

裸鼴鼠的體形這麼小，
壽命卻長得不可思議，
圈養的裸鼴鼠壽命可達
30年之久。

洞天「蝠」地

全世界的蝙蝠約有1,400種，蝙蝠的種類之多，在哺乳動物之中僅次於囓齒類。蝙蝠在生態系中扮演極為重要的角色，牠們能夠捕食害蟲、為植物授粉和散播種子。

翼展可達180公分

菲律賓狐蝠

菲律賓狐蝠分布於馬來西亞和菲律賓群島，與其他數種大型狐蝠並列體形最大的狐蝠。牠們是群居動物，一群可能包含數百甚至數千隻。

翼展約16公分

豬鼻蝠 →

分布於泰國西部和緬甸，是全世界最小的哺乳動物，沒有尾巴，耳朵特別大。豬鼻蝠群規模較小，最多不超過百隻。

灰毛尾蝠

只有極少的數種蝙蝠是獨行俠，灰毛尾蝠是其中一種。牠們廣泛分布於北美洲，冬季時會遷移到氣候比較溫暖的地區。白天牠們會只伸一足抓住樹枝倒掛，並用尾膜將自己全身包起來，看起來就像一片枯葉。

翼展約150公分

「犬」家福

鬃狼

南美洲最大的犬科動物,是鬃狼屬唯一的物種。牠們的尿液聞起來像臭鼬噴出的臭液。

豺

也稱為「豺狗」或「亞洲野犬」,這種大型犬科動物會以哨音、尖喊、喵嗚聲甚至咯咯聲相互溝通。

衣索比亞狼

牠們是世界上最稀少的犬科動物，現存個體不到500隻，專門捕食囓齒類。

非洲野犬

牠們是高度社會化的犬科動物，會成群結隊打獵以及合作養育幼犬。牠們會用各種身體姿勢和打噴嚏等聲音來相互溝通。和其他群居動物不同的是，雄性會留在原生群，而雌性成年後會離開，尋找新的群體加入。

妖嬈美狐

耳廓狐

體形最小的狐狸，大大
的耳朵長度可能就占全
身總長的三分之一。

北極狐

牠們長了一身豐厚毛皮，腳上的毛也
很濃密，而且耳朵特別小，都是為了
適應零下數十度的嚴苛環境。

孟加拉狐（也稱印度狐）

僅分布於印度次大陸，身形纖瘦，捕食多種昆蟲和小型囓齒類和鳥類，也會取食植物。

阿富汗狐

牠們有彎曲的爪子，還能利用粗大的尾巴保持平衡，擅長在遍布岩石的地形攀爬跳躍。

草原狐

牠們的身形大小和貓差不多，一度瀕臨滅絕，現今又重新回到北美大平原和加拿大東南部。

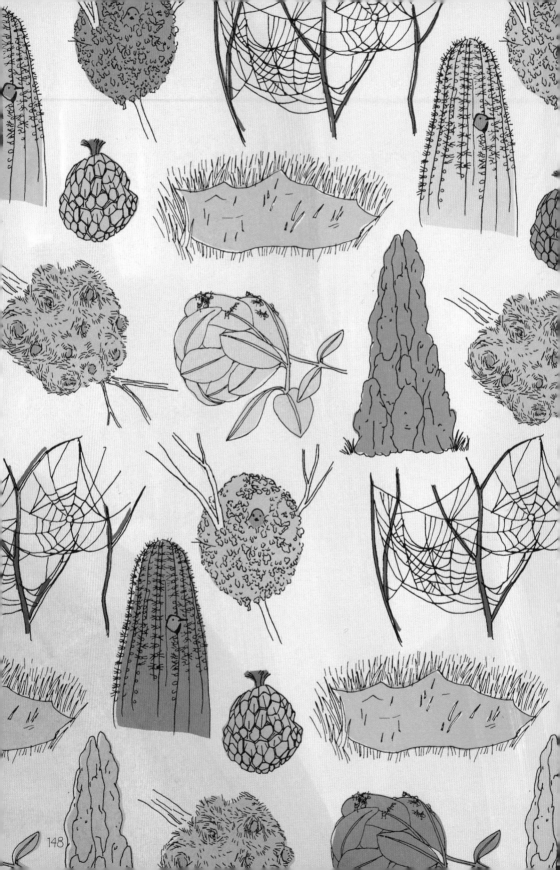

148

第五章

築巢造窩

動物房東

北美黑啄木是「關鍵物種」。牠們是一夫一妻制，會在枯死的樹木上挖出大洞築巢，但牠們很少重複使用巢洞，留下的空巢洞就成為大棕蝠、蓬尾浣熊、北方鼯鼠等至少20種動物的新家。

很多動物都會將洞穴當成棲身的地方。

初級鑿洞者：實際挖掘洞巢的動物。

次級洞穴利用者：接收廢棄洞巢，並依需求改造洞巢全部或部分構造的動物。

占用者：不改造現成洞巢、直接使用的動物。

佛州穴龜是初級鑿洞者中很好的例子。這種關鍵物種體重只有將近7公斤，但四腳強壯且爪子有力，能夠挖出深3公尺、長度達12公尺的地道。貓頭鷹、郊狼、青蛙和小鼠等其他數百種動物在天氣太熱、躲避掠食者或野火時，都會躲進佛州穴龜挖掘的地道。

佛州穴龜的巢穴

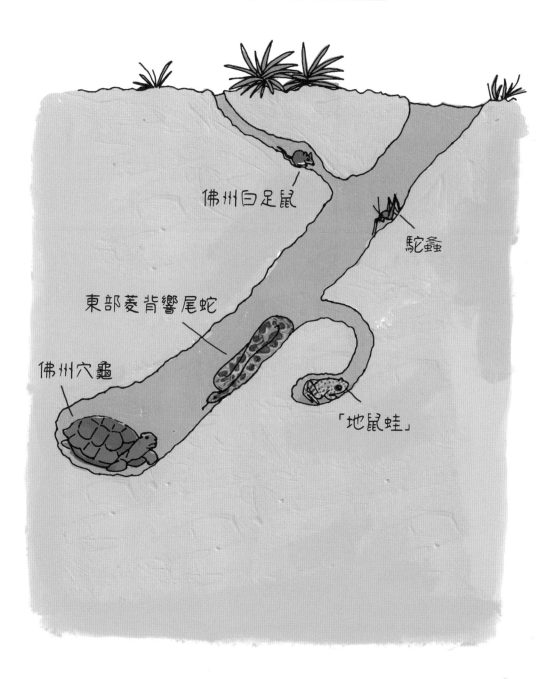

佛州白足鼠

駝螽

東部菱背響尾蛇

佛州穴龜

「地鼠蛙」

獾（歐亞獾）

獾比近親美洲獾更加社會化，牠們住在由多個洞穴延伸構成的地下「獾洞」。一個大獾洞裡可能住了數個獾家庭，每家各有數個育兒和睡覺用的洞穴，洞穴之間有地道相互連通。

有規模的獾洞是由整個家族好幾代接力挖掘和維護，有多個出入口，占地可能達數百平方公尺。

英文中稱雄獾為「boar」，稱雌獾為「sow」，幼獾則是「cub」。

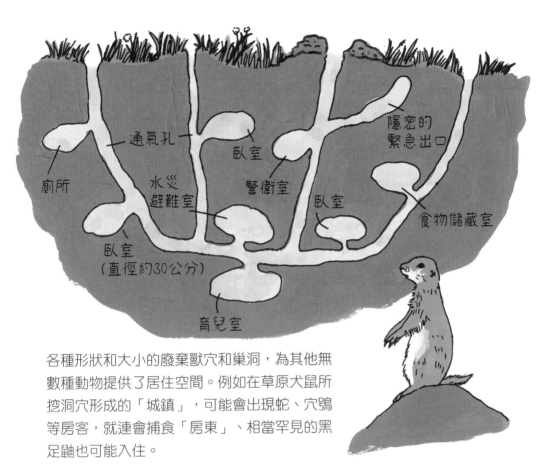

通氣孔

臥室

隱密的
緊急出口

廁所

水災
避難室

警衛室

臥室

食物儲藏室

臥室
（直徑約30公分）

育兒室

各種形狀和大小的廢棄獸穴和巢洞，為其他無數種動物提供了居住空間。例如在草原犬鼠所挖洞穴形成的「城鎮」，可能會出現蛇、穴鴞等房客，就連會捕食「房東」、相當罕見的黑足鼬也可能入住。

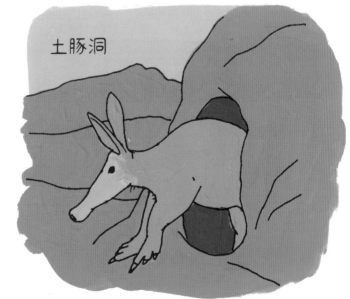

土豚洞

土豚留下的洞穴也會吸引很多動物，例如鬣狗、疣豬、松鼠、刺蝟、獴、蝙蝠、鳥類和爬蟲類都會住進土豚洞。

昆蟲的建築

紙胡蜂 牠們藉由咀嚼樹木和植物纖維製造出紙漿，利用變硬的紙漿打造出結構複雜、包含多個巢室的防水蜂巢。

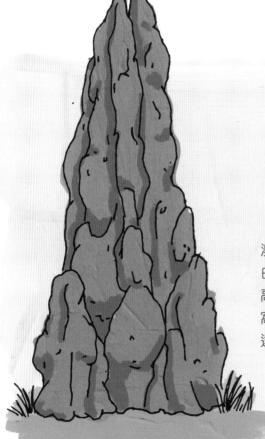

「大教堂白蟻」

澳洲北領地的「大教堂白蟻」建造的高聳蟻窩高度可達4.6公尺，蟻窩地底下的面積可能廣達數千平方公尺。

編織蟻 遷移到新巢時會合力用身體搭建「活橋」。工蟻會搬運幼蟲過橋，接著刺激幼蟲吐絲，利用吐出的黏絲將葉片邊緣黏合，建造出囊袋般的蟻巢。編織蟻建造的巨大蟻巢可能占滿一棵樹的整個樹冠。

美東幕枯葉

幼蟲於初春孵化，為了在寒冷的天氣中存活，多達300隻幼蟲會以數根樹枝為定錨點，合力編織出可保暖的立體巨網。

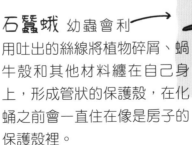

石蠶蛾 幼蟲會利用吐出的絲線將植物碎屑、蝸牛殼和其他材料纏在自己身上，形成管狀的保護殼，在化蛹之前會一直住在像是房子的保護殼裡。

蛛網

皿蛛

皿蛛體形很小，蛛絲不具
黏性，牠們通常在靠近地
面處或地上織網，利用細
密的蛛網捕捉獵物。

「漏斗網蜘蛛」

漏斗網蜘蛛織的蛛網分成
兩部分：平面的部分用來
困住獵物，相連的漏斗狀
部分則是自己藏身、進食
和產卵的巢。

毛足人面蜘蛛

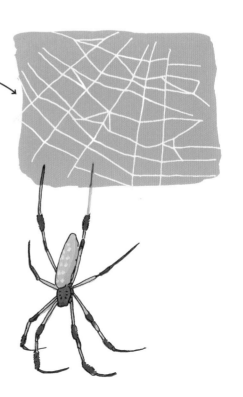

毛足人面蜘蛛的蛛絲是金黃色的，
巨大的金黃蛛網在陽光照射下閃閃
發光，能夠吸引蜂類，在陰影下更
是若隱若現，其他昆蟲也很容易誤
陷網中。

雌蛛體長可達約5公分，未計算
獨特簇毛長腳的長度。

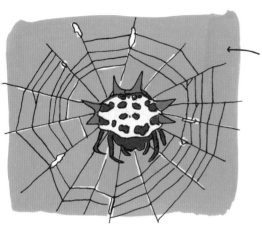

棘蛛

棘蛛雖然很小但很特別,牠們會在蛛網加上一簇簇絲球裝飾,可能想警告鳥類飛過時不要誤撞蜘蛛網。

「暗門蜘蛛」

暗門蜘蛛利用特化的口器挖掘地道,再用蛛絲織成一扇可開關的門封住地道入口,從外面很難看出這個隱密的暗門。牠們天性膽怯,平常會躲在地道裡,等偵測到有獵物經過的震動時,才突然跳出來捕食。

姬蛛

看到凌亂殘破的蛛網,通常會以為是陳年蛛網,其實姬蛛科蜘蛛會刻意織出凌亂不規則的蜘蛛網。

匠心獨具的鳥巢

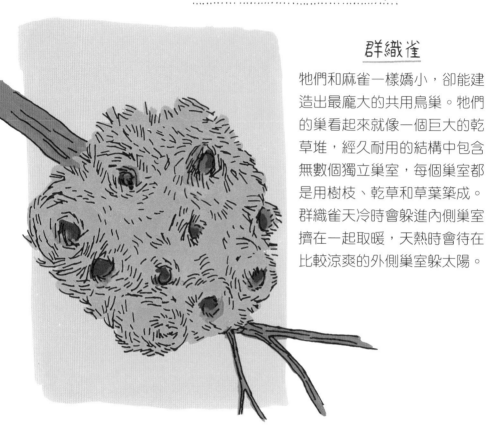

群織雀

牠們和麻雀一樣嬌小,卻能建造出最龐大的共用鳥巢。牠們的巢看起來就像一個巨大的乾草堆,經久耐用的結構中包含無數個獨立巢室,每個巢室都是用樹枝、乾草和草葉築成。群織雀天冷時會躲進內側巢室擠在一起取暖,天熱時會待在比較涼爽的外側巢室躲太陽。

一個共用鳥巢裡會有家族好幾代同堂,可容納多達100對繁殖親鳥。前一批孵化的幼鳥會幫忙照顧後一批孵化的雛鳥,有助於提高雛鳥的存活率。

群織雀分布於非洲的喀拉哈里沙漠南部。

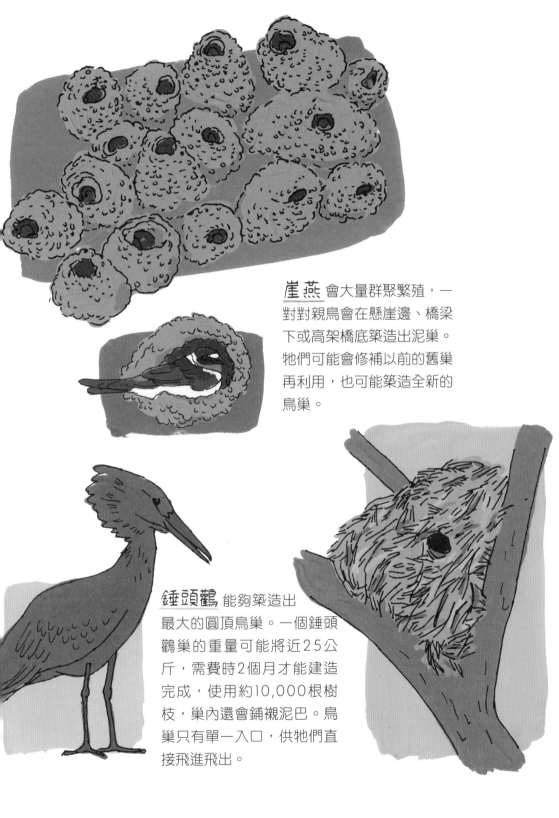

<u>崖燕</u> 會大量群聚繁殖，一對對親鳥會在懸崖邊、橋梁下或高架橋底築造出泥巢。牠們可能會修補以前的舊巢再利用，也可能築造全新的鳥巢。

<u>錘頭鸛</u> 能夠築造出最大的圓頂鳥巢。一個錘頭鸛巢的重量可能將近25公斤，需費時2個月才能建造完成，使用約10,000根樹枝，巢內還會鋪襯泥巴。鳥巢只有單一入口，供牠們直接飛進飛出。

銀喉長尾山雀

用來築巢的材料包括苔蘚、地衣、蜘蛛卵囊和羽毛，零碎的材料加總起來可能超過6,000個。雄鳥和雌鳥會合力將苔蘚和蛛卵織成有彈性的網袋，並在頂端留下一個小開口。牠們會在網袋外側蓋上地衣加以掩蔽，還會在網袋內側鋪上羽毛保溫。

仙人掌啄木鳥

通常會在巨人柱仙人掌上挖洞造巢。

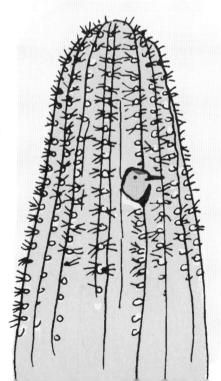

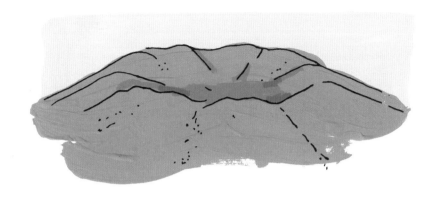

眼斑冢雉 雄鳥會在沙地上挖出坑洞當成鳥巢，然後在坑裡填滿樹葉等有機材料。接下來數個月，牠們會持續看顧鳥巢，等待有機材料分解讓巢內的溫度上升。雌鳥與雄鳥交配後會在巢內產下3到30顆蛋，並用沙子將蛋蓋住。

親鳥會藉由挖去沙子和換沙來控制巢內的溫度。雛鳥孵化後，必須自己扒開沙堆探頭出來。

穴居鳥類

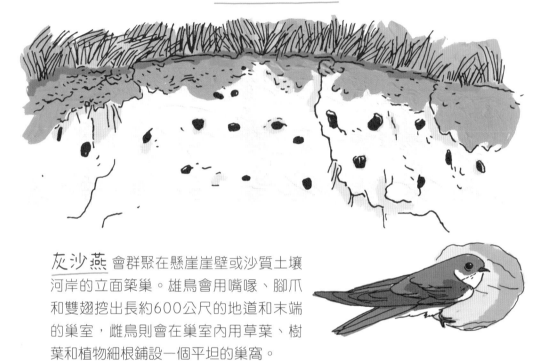

灰沙燕 會群聚在懸崖崖壁或沙質土壤
河岸的立面築巢。雄鳥會用嘴喙、腳爪
和雙翅挖出長約600公尺的地道和末端
的巢室，雌鳥則會在巢室內用草葉、樹
葉和植物細根鋪設一個平坦的巢窩。

北極海鸚

一年中大部分時間都在海
上活動，進入繁殖季才在
島嶼上大批群聚。牠們是
一夫一妻制，通常每年都
會回到原本的舊巢。親鳥
為了抓魚並帶回巢內餵
給幼鳥（海鸚幼鳥稱為
「puffling」），一天可
以飛好幾公里遠。

藍帶翠鳥

雄鳥和雌鳥會合力在河岸挖掘地道和巢室。地道長度可能達180公分，而且是朝斜上延伸，可防範下雨時巢室積水。

園丁鳥

. . . .

為了吸引雌鳥，雄鳥會搭建結構複雜、裝飾華麗的花亭。不同種的園丁鳥會使用不同的材料，偏好的顏色也不一樣，有些園丁鳥甚至會用漿果汁液將鳥巢染色！在選擇一隻雄鳥交配之後，雌鳥會自行築巢育兒，不需要雄鳥幫忙。

大自然工程師

河狸會將樹木啃斷後，用樹木建造水壩圍出池塘。牠們也會挖鑿運河引水，利用水流將樹木拖運到施工現場可以更省力。圍起的「河狸池」在巢屋周圍形成護城河，還能當成水下倉庫，供牠們儲存過冬用的食物。

麝鼠

「河狸池」會成為其他多種動物的棲地，對於周遭生態系具有很大的影響力。一個河狸家庭通常要工作很多年才能蓋好一座水壩，而且需要不時修補，維持池塘的最佳水位。

麝鼠不會築造水壩，牠們的巢屋不是用樹枝蓋成，而是用蘆葦和其他沼澤植物。河狸跟麝鼠都會在自己的巢屋塗抹溼泥，溼泥具有加固和隔熱保溫的效果。麝鼠與河狸的生態棲位相似，但牠們其實跟倉鼠的親緣關係比較相近。

自製家具

黑猩猩
的窩

黑猩猩、大猩猩和紅毛猩猩不會建造房屋，但牠們會布置白天小睡和晚上過夜用的舒適巢床。牠們通常不會重複使用巢床，而是每天重新鋪設。

學習打造牢固的巢床需要時間。年幼猩猩會先跟媽媽一起睡，可能要等三年後才會開始自己打造巢床。

大猩猩有時會將樹葉和有彈性的枝條鋪在地上，
白天小睡時就打地鋪。

大猩猩鋪巢床時會用的植物

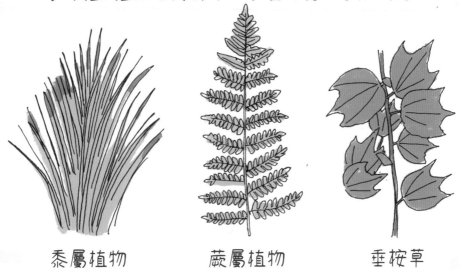

黍屬植物　　　　蕨屬植物　　　　垂桉草

第六章

稀奇古怪又奇妙多采

千奇百怪的章魚

全世界約有300種章魚，包括巨大的北太平洋巨型章魚（長4.3公尺），和極小的「星狀吸盤侏儒章魚」（長2.5公分）。

擬態章魚

牠們的擬態招術非常高明，能夠假裝成渾身是刺的獅子魚、扁平的鰜魚、身上有條紋的海蛇等不同動物。

英文的章魚「octopus」正確複數形式是「octopuses」，不是「octopi」。

毯子章魚

雌章魚最大可以長到1.8公
尺，牠們的其中幾隻觸手之
間有皺褶狀組織相連，游動
時看起來就像飄動的斗篷。
雄章魚最大僅約2.5公分，
是雄性和雌性大小差異最為
懸殊的動物之一。

椰子章魚

只有極少數頭足類動物會「使
用工具」，椰子章魚是其中一
種，牠們會蒐集椰子殼，在危
急時藏身其中，移動時甚至會
將椰子殼隨身攜帶。

椰子殼

藍環章魚

這種章魚體形很小，卻
是海洋中最致命的生物
之一，毒液比氰化物還
毒1000倍，掠食者往往
看到牠們身上的鮮豔色
彩就退避三舍。

鳥中的巨無霸

海綿狀頭盔的外
層為角蛋白。

南方鶴鴕

- 與鴕鳥、美洲鴕、鴯鶓和
  鷸鴕的親緣關係較近。
- 高150至180公分;雌性
  體重約為雄性的兩倍。
- 雙腿強壯有力,遇到敵人
  時會用匕首般的腳趾踹踢
  自保。

大鴇

- 體重最重的飛禽,約15至18公斤。
- 生活在歐洲和俄羅斯的草原。
- 雜食性,很少發出聲音。

大鴇的腳爪不是對趾足,沒
辦法停棲在樹梢上,大部分
時間都在地面活動。

漂泊信天翁

- 翼展可達3.4公尺，是全世界翼展最長的鳥類。
- 飛行時消耗的能量比停棲在巢裡時還少。
- 會飛掠海面尋找獵物。
- 壽命長達50年；一夫一妻制。

卷羽鵜鶘

- 鵜鶘科裡體形最大的物種。
- 雄鳥頸部有卷曲的羽毛，下喙於繁殖期間呈亮紅色。

喉囊最多可以裝11公升的水！

鯨頭鸛

- 可長到約135公分高，翼展約240公分。
- 也稱為靴嘴鸛。
- 捕食細鱗非洲肺魚、鰻魚，甚至會吃年幼的鱷魚。

悠游水中的鴨嘴獸

全世界只有兩種單孔類動物，或稱為卵生哺乳動物，其中一種是鴨嘴獸（另一種是針鼴）。雌獸產下的卵在10天後孵化，之後雌獸會照顧幼獸約4個月。鴨嘴獸捕食昆蟲、貝類和甲殼類及蠕蟲，在水裡撈抓獵物時會連帶舀起少許碎石，利用這些碎石將獵物稍微磨碎再吞食。

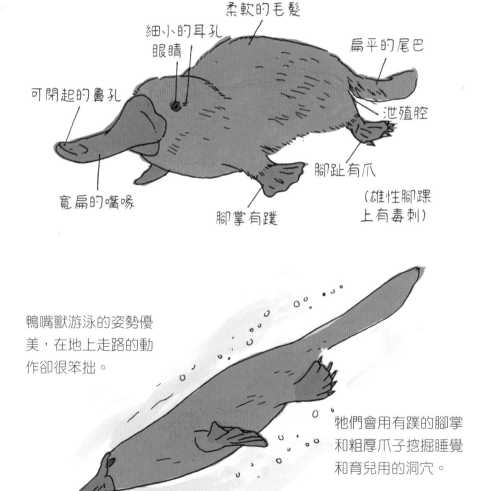

柔軟的毛髮

細小的耳孔
眼睛

扁平的尾巴

可閉起的鼻孔

泄殖腔

寬扁的嘴喙

腳趾有爪

腳掌有蹼

（雄性腳踝上有毒刺）

鴨嘴獸游泳的姿勢優美，在地上走路的動作卻很笨拙。

牠們會用有蹼的腳掌和粗厚爪子挖掘睡覺和育兒用的洞穴。

星鼻鼴

唯一生活在樹澤和草澤中的鼴鼠，鼻吻極為敏感，鼻孔周圍有22隻觸手，觸手內有超過100,000條神經纖維。星鼻鼴的鼻子能夠感測電脈衝，並藉此在土壤中鎖定獵物。

星鼻鼴獵食時每秒鐘可以碰觸10到12個地方，並快速感知並辨識周遭有什麼獵物。牠們的進食速度奇快無比，0.25秒內就能吃掉一隻蚯蚓。

牠們也是游泳高手，在水裡時甚至能利用神奇的星鼻快速呼出氣泡後又吸回氣泡來嗅聞氣味。

犰狳的解剖構造

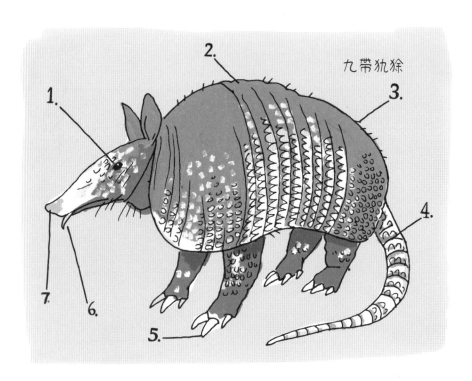

九帶犰狳

1. **眼睛** 視力不佳。
2. **鱗甲** 厚厚的骨板。
3. **體毛** 體側的粗硬毛髮具備觸角的功能。
4. **尾巴** 覆滿鱗片的長尾巴有助於保持平衡。
5. **腳爪** 粗壯有力,適合挖洞。
6. **舌頭** 長長的舌頭適合舔食昆蟲。
7. **鼻吻** 嗅覺非常靈敏。

世界上有21種犰狳，全都分布在南美洲，只有左頁所示的九帶犰狳也分布於北美洲南部。牠們以昆蟲為主食，也會吃其他動物的蛋、小動物、植物和果實。犰狳還是深藏不露的游泳高手，可以在水中閉氣長達6分鐘。

小鎧鼴

這種身形嬌小的動物一生大部分時間都待在地下。牠們的腳爪很大，還有如同「臀墊」的扁平尾部，方便挖地道時將土堆撥到身後。

小披毛犰狳

身上最多毛的犰狳，受到威脅時會發出尖銳的叫聲和嗚咽聲，因此英文俗名為「尖叫披毛犰狳」。

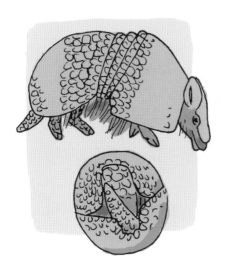

拉河三帶犰狳

唯一能將身體捲縮成一顆球自保的犰狳。其他種犰狳身體的彈性沒有那麼好，遇到危險時會挖洞或逃跑。

其他身披盔甲的哺乳動物

穿山甲和針鼴跟犰狳一樣，身上包覆著有保護功能的鱗甲。牠們之間的親緣關係很遠，但都是食蟲動物，長長的舌頭有黏性，很適合舔食螞蟻和白蟻，還有能夠挖開白蟻丘和挖地洞的粗厚腳爪，而且都很會游泳。

穿山甲

穿山甲有時會被誤認為爬行動物，但其實是很特別的哺乳動物，身體上半部長滿層層相疊的銳利鱗片。鱗片的成分跟指甲和洞角一樣是角蛋白，有些人認為這些鱗片具有藥效，穿山甲因而成為全世界走私買賣情況最嚴重的動物之一。

全世界共有8種穿山甲，分布於亞洲和非洲，牠們的體長介於30到100公分之間。

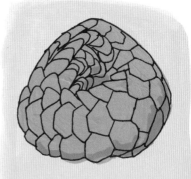

穿山甲遇到危險時會捲縮成一顆球，護住全身上下柔弱的部位。

針鼴

雖然有些人稱牠們為「刺食蟻獸」，但牠們不吃螞蟻或其他昆蟲，和食蟻獸的親緣關係很遠。世界上僅有2種單孔類動物（卵生哺乳動物），針鼴是其中之一，另一種是鴨嘴獸。全世界共有4種針鼴，都分布於澳洲和新幾內亞。

針鼴身上的刺跟穿山甲鱗片的成分一樣是角蛋白。遇到危險時，針鼴會捲縮成球或挖地洞逃跑。

英文中稱針鼴幼獸為「puggle」。

雌性每次只產一顆外殼質地類似皮革的蛋，生產後會將蛋放進腹部皮膚皺褶形成的臨時腹袋。幼獸剛孵化時全身光滑而且看不見，牠會在母親腹袋裡吸吮母奶，長到約12週大時長出尖刺。這時候雌針鼴會將幼獸放到窩穴裡，但會繼續為幼獸哺乳約6個月。

與眾不同的土豚

土豚的耳朵像兔子，鼻吻像豬，身形像袋鼠，腳爪又有點像獾。雖然看起來像是由不同動物的部位拼湊而成，土豚其實跟大象的親緣關係較近，阿非利卡人稱牠們為「土豬」，牠們是現存唯一的管齒目動物。

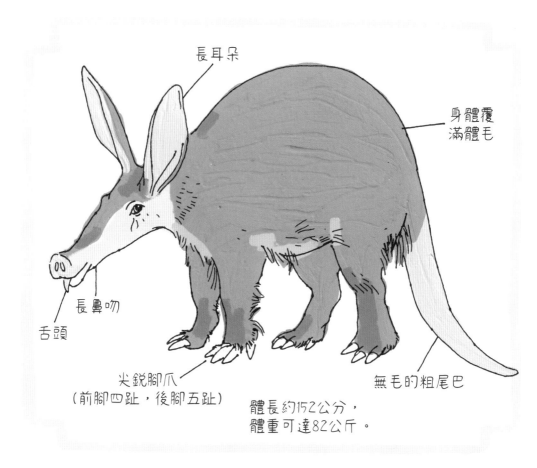

長耳朵

身體覆滿體毛

長鼻吻

舌頭

尖銳腳爪
（前腳四趾，後腳五趾）

無毛的粗尾巴

體長約152公分，
體重可達82公斤。

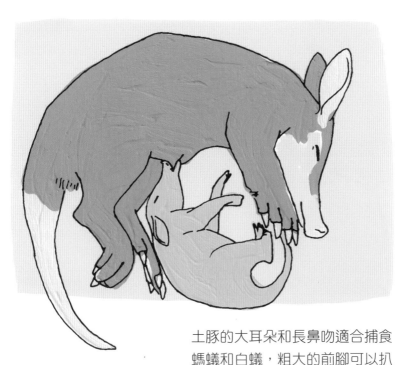

土豚的大耳朵和長鼻吻適合捕食螞蟻和白蟻，粗大的前腳可以扒開蟻丘和白蟻丘以及挖掘睡覺用的地洞。

土豚的主食是螞蟻、白蟻和其他昆蟲，此外也會吃一種特殊的黃瓜。這種黃瓜稱為「土豚黃瓜」（學名為*Cucumis humifructus*），果實生長在地下約90公分處，依靠土豚將果實挖出食用後排泄來傳播種子。

土豚黃瓜

土豚的舌頭既黏又長（可達約30公分），很適合捕食昆蟲。

看看哪些哺乳類也會飛

蝙蝠是唯一有翅膀而且真正會飛的哺乳動物,但還有數種哺乳動物也發展出在空中輕鬆滑翔的能力,其中好幾種是有袋動物。

鼯猴

鼯猴也稱為「飛狐猴」,和靈長類的親緣關係最近。牠們是樹棲動物,到了地面上幾乎無法移動,也不太會爬樹。

但牠們身上有一片很大的皮膜,張開時呈正方形,即使滑翔70公尺的距離,高度也幾乎不會下降。

鼯鼠

全世界約有50種鼯鼠,分布於世界各地,體形有大有小,體長(含尾巴)介於15公分到125公分之間。

大袋鼯

這種袋鼯渾身毛茸茸且尾巴可以捲纏，牠們跟無尾熊一樣食性高度特化，只吃尤加利葉。

蜜袋鼯

牠們是社會性強的群居動物，雄性會幫忙照顧幼兒。

樹頂袋貂

這種有袋動物的大小和小鼠差不多，牠的尾巴很特別，很像一片有著硬挺羽枝的羽毛。

黑白分明

黑白雙色動物中，以貓熊、斑馬、企鵝和臭鼬最為大家所熟悉。這種「黑白配」體色具有隱蔽色的效果，能讓動物的身形輪廓變得模糊，幫助牠們融入背景。對於臭鼬等動物來說，鮮明的體色有助於嚇退掠食者。斑馬的黑白條紋則似乎具有驅蟲防叮的功用，科學家還在努力研究其中原理。還有數種黑白動物或許不是大家最熟悉的，但牠們同樣奇妙有趣。

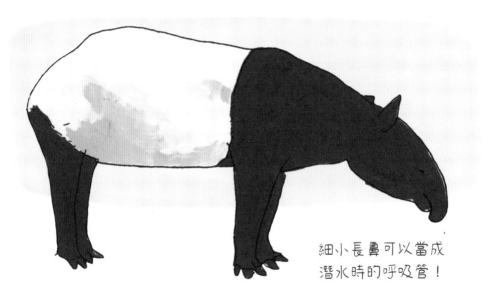

細小長鼻可以當成
潛水時的呼吸管！

馬來貘

成年馬來貘的毛色像是
在臀部圍著一條白色毯
子或斗篷；幼獸剛出生
時身上滿布斑點和條
紋，像是穿了有隱蔽色
的睡衣。

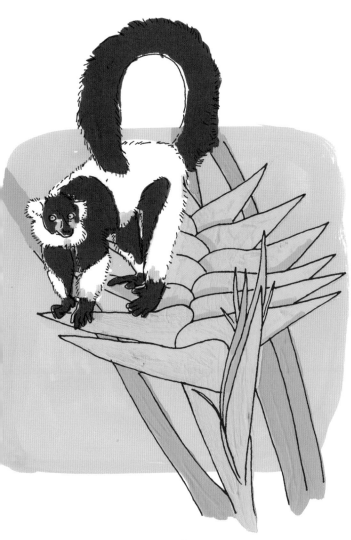

白頸狐猴

這種體色黑白分明的動物只分布於馬達加斯加,以小家庭為單位在森林樹冠層生活。牠們以果實為主食,與旅人蕉互利共生,因此成為全世界體形最大的授粉者。

白頸狐猴和一般授粉者不同,牠們能直接剝開旅人蕉花朵取食花蜜,進食時毛皮上會沾到花粉,牠們移動時就會將花粉傳到其他花朵。

袋獾

體形最大的肉食性有袋動物,長著尖銳嚇人的門齒,咬合力之強,在哺乳動物中數一數二。牠們獨自生活和獵捕食物,但比較喜歡取食腐肉。袋獾成群聚集在動物屍體旁時會大聲吵嚷,1.6公里以外都能聽見牠們的尖喊和低吼聲。

天堂鳥

天堂鳥科包含40多個物種,以雄鳥鮮豔奪目的羽毛著稱。大多數天堂鳥雄鳥都會進行繁複的求偶展示吸引雌鳥,牠們會炫耀自己身上某部位豔麗亮眼的色彩、斑斕的前胸羽毛,或是拖在身後的長尾羽。

幡羽天堂鳥

綬帶長尾天堂鳥

大多數的天堂鳥皆分布於新幾內亞,牠們以果實為主食,有些種類也吃昆蟲。

麗色天堂鳥

威氏麗色天堂鳥

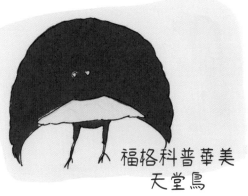

福格科普華美
天堂鳥

福格科普華美天堂鳥雄鳥會高舉翅膀和尾羽當成背景，將自己的藍綠色胸帶和白色眼斑襯托得更加鮮明突出。

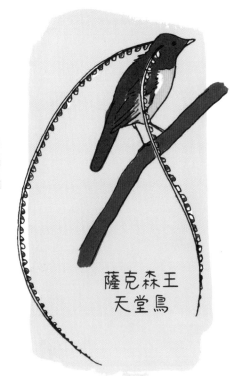

薩克森王
天堂鳥

大天堂鳥

十二線
天堂鳥

水豚

想像一隻大小跟小型豬隻差不多的天竺鼠,就差不多是水豚的樣子了。水豚是世界上最大的囓齒類動物,很擅長游泳,牠們的腳掌部分有蹼,身上的粗毛很快乾。

水豚幼獸很早熟,出生後數小時就能走路。牠們一週大時就會開始吃草葉和水生植物,不過還會繼續喝母奶。

食蟻獸

食蟻獸共有四種，皆分布於中美洲和南美洲，大食蟻獸是其中體形最大的，從鼻尖到尾巴的體長最長可達2公尺。牠們走路時會將長長的前爪向內收起，以趾關節著地並承受自身體重。

食蟻獸沒有牙齒，但有黏性的長舌頭上遍布數千個細小倒刺。為了避免被獵物咬傷舌頭，牠們進食時會在一分鐘內伸舌舔舐多達150次，一次就能舔食數百隻螞蟻並立刻吞進肚裡。舔食螞蟻同時也會連帶吃進一些沙子碎石，這些沙石可以幫助消化。

奇特的變色龍

變色龍可以做很多其他動物做不到的事，例如分別轉動兩隻眼睛，還能隨意變換體色來調節體溫或向其他變色龍傳遞訊息。牠們會用黏黏的舌頭捕食獵物，吐舌頭的速度奇快，將近時速21公里，而且吐伸的長度可達體長的兩倍。

傑克森變色龍

雄性頭上有三隻角，
兩隻角在眼睛上方，
一隻角長在鼻子上。

帕爾森氏變色龍

體形最大的變色龍，
體長可達68公分。

高冠變色龍

雄性和雌性頭頂都
有冠狀突起，這塊
頭冠會隨年齡增長
而變大。

拉波德氏變色龍

這種變色龍是馬達加斯加原生種，孵卵期約7到9個月，但壽命只有4到5個月，是世界上最短命的陸域脊椎動物。

地毯變色龍

雌性的體重比雄性重，顏色也比雄性更繽紛多彩，一年可產卵三次。

七彩變色龍

牠們的顏色和斑紋會依據分布地區各有不同，可能是亮藍、綠色、紅色或橘色，雄性體色特別鮮豔。

中國大鯢

體長可達1.5公尺

體長15至20公分
虎紋鈍口螈

中國大鯢是體形最大的兩棲類動物,生活在中國岩石遍布的河流和山間溪流,現今也有專門飼養大鯢當成食材的養殖場。大鯢可說是活化石,牠們利用皮膚呼吸,並藉由體側的感測細胞來偵測動靜和鎖定獵物。身為頂級掠食者,牠們吃魚類、蛙類、貝類和甲殼類及昆蟲,也會捕食比較小的蠑螈。

雌性會在安全隱蔽的地點產下卵串讓雄性授精,雄性會負責守護受精卵直到孵化,幼鯢孵化後就得自立自強。

牠們受到威脅時,皮膚會分泌
一種白色黏液。

墨西哥鈍口螈

英文名稱「axolotl」源自墨西哥原住民語言中的納瓦語，意思是「水狗」，發音接近「艾索拉托」。

墨西哥鈍口螈神祕又迷人，因為牠們違反了所有關於蠑螈的通則，成年之後仍然保有幼體的多種特徵，例如不具有眼瞼、腳掌有蹼以及鰭狀尾。牠們的肺部發育不完全，因此主要在水中生活，利用羽狀外鰓呼吸。

野生墨西哥鈍口螈的生活區域僅限墨西哥市附近的兩座湖泊和數條運河，因此很難監測族群狀況，但各地有多座實驗室致力於研究這種生物驚人的再生能力。無論受傷的是肢體、肺部甚至部分大腦，墨西哥鈍口螈只花數週就能將缺失部分重新長回來。

紫蛙

也稱為「豬鼻蛙」，是僅見於印度特定地區的罕見動物。目前對於紫蛙在野外的族群現況仍不清楚，但紫蛙和許多兩棲類動物一樣，由於面臨棲地惡化和喪失，加上牠們的蝌蚪遭到人類捕食，已被列入瀕危物種。

紫蛙是穴居動物，成年紫蛙幾乎一生都在地下度過，以白蟻為主食。牠們會在季風季節到地面上交配和產卵。蝌蚪會利用特殊口器吸附住長滿藻類的岩石，能夠適應流水環境。

其他色彩繽紛的蛙類

迷彩箭毒蛙

鐘角蛙
（阿根廷角蛙）

紅眼樹蛙

沙漠雨蛙

巴拿馬金蛙
（澤氏斑蟾）

番茄蛙（安東吉利紅蛙）

老爺樹蛙
（白氏樹蛙）

北方玻璃蛙

盤曲蜿蜒

眼鏡王蛇

眼鏡王蛇受到威脅時會虛張聲勢，將三分之一蛇身挺離地面數十公分，並擴張頸部肋骨讓自己看起來更大隻。牠們的嘶嘶聲比其他蛇類更深沉，聽起來比較像低沉的吼聲。

綠樹蟒

綠樹蟒會盤捲纏繞在樹枝上，並輕晃可捲纏的蛇尾末端引誘獵物，發動攻擊時會用尾巴捲纏住樹枝。

天堂金花蛇

這種蛇生活在樹上，牠從樹枝躍下時會伸展肋骨讓身體變寬扁，並在半空中搖擺身體呈波浪狀起伏，滑翔距離可達10公尺遠。

巴西彩虹蚺
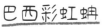

這種蚺蛇因身上鱗片會反射七彩光澤而得名，能夠將獵物絞纏至死；牠們達到性成熟不是依據年齡，而是要長到一定長度。

黃唇青斑海蛇

這種有毒海蛇捕食鰻魚，且能閉氣長達30分鐘，但牠們會回到岸上消化食物，而且偏好飲用淡水。

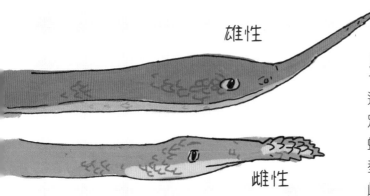

雄性

雌性

馬達加斯加葉吻蛇

這種蛇鼻吻形狀很特別,生活在樹上並捕食蜥蜴;牠們是「雌雄二型」的動物,即雄蛇和雌蛇的外形不同。

黑曼巴蛇

黑曼巴蛇的毒液是劇毒,體色為橄欖綠或灰色。牠們受威脅時會將嘴巴張大,露出墨黑色的口腔,即為其名稱由來。

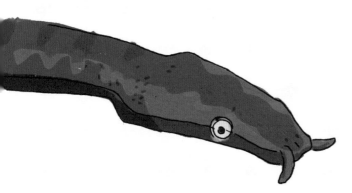

釣魚蛇

這種小型水棲蛇類90%的時間都靜止不動,耐心等待魚類進入攻擊範圍。牠們鼻子上長了兩根細小觸鬚,一般認為有助於在渾濁水中鎖定獵物。

許氏棕櫚蝮

這種有毒掠食者眼睛上方有突起類似睫角的鱗片，牠們有不同的體色，黃色個體會躲在成熟的香蕉串裡。

毒蛇蛇頭的解剖構造

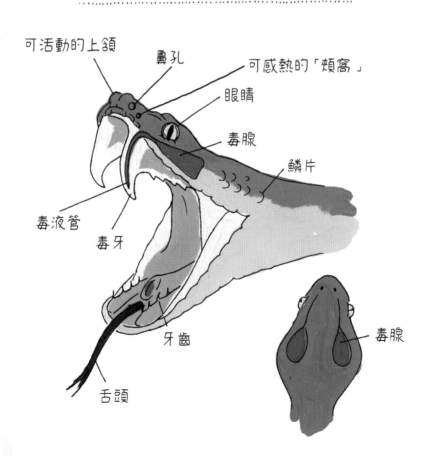

可活動的上頜

鼻孔

可感熱的「頰窩」

眼睛

毒腺

鱗片

毒液管

毒牙

牙齒

舌頭

毒腺

貓熊小知識

大貓熊

全世界都熟悉大貓熊那身黑白毛皮和獨特的眼斑，但科學家至今仍不確定牠們的黑白雙色毛皮有何功用。這種配色似乎不可能是隱蔽色，牠們既沒有天敵需要躲避，也不需要為了靠近獵物尋找掩蔽。

貓熊是獨行俠，一天會花上16個小時找竹子吃，竹子是牠們唯一的食物來源。牠們進食時會坐著，用腕骨特化形成的「偽拇指」抓著竹莖，並以有力的下巴和牙齒啃咬。

小貓熊

小貓熊和大貓熊分布於相同的棲地，也都以竹子為主食，但牠們的親緣關係很遠。以前在分類學上將小貓熊視為浣熊科動物，但現在已將小貓熊獨立出來，自成「小貓熊科」。

小貓熊大多在樹上生活，牠們的美麗毛色會與樹幹上的紅褐色苔蘚和白色地衣相混交融。粗大尾巴的長度占體長的將近一半；腳掌底部也長滿毛，在潮溼或結冰樹枝上移動時的抓握力更佳。

三趾樹懶

樹懶

行動緩慢的樹懶以樹葉為主食，樹葉提供的
營養不多，所以樹懶為了減少消耗熱量，每
天有15到18小時都在睡覺。樹懶的習性可能
和無尾熊很像，但親緣關係跟食蟻獸和犰狳
比較接近。

所有種類的樹懶後腳都有三趾，但前腳可能
為二趾或三趾。牠們的爪子長8到10公分，
可以緊緊抓握樹枝。有時甚至會有樹懶死後
仍緊緊攀在樹枝上。

霍氏樹懶

樹懶和其他動物
很不一樣

· 幾乎任何事都是倒掛著進行,包括生產。
· 毛髮是從背部向上長到腹部,可以避免身上
  積水。
· 粗硬毛髮上有溝槽,在溝槽中生長的綠色藻
  類會形成隱蔽色。
· 肌肉量嚴重不足,沒辦法藉由發抖來保暖。
· 每週只排便一次。

歡迎贊助！野生動物保育機構

以下列出一些致力於野生動物保育的機構團體，謹向所有願意考慮捐款支持他們的讀者致謝！

烏干達學生投入非洲野生動物保育研究獎助基金會（African Wildlife Conservation Fund for Ugandan Student Graduate Degrees and Research）（這是我姊姊成立的基金會，第9頁有更詳細的介紹。）
https://wildlifenutrition.org

Yunkawasi永續發展暨生物多樣性保育非營利組織（祕魯）
www.yunkawasiperu.org

靈長類研究協會（Groupe d' etude et de recherche sur les primates；GERP）（馬達加斯加）
www.gerp.mg

澳洲野生動物保育協會（Australian Wildlife Conservancy）（澳洲）
www.australianwildlife.org

澳洲荒野襲產協會（Bush Heritage Australia）
www.bushheritage.org.au

長頸鹿保育基金會（非洲）
https://giraffeconservation.org

豹屬動物保育慈善組織（Panthera）（全球）
https://panthera.org

「拯救柬埔寨野生動物」協會（Save Cambodia's Wildlife）（柬埔寨）
www.cambodiaswildlife.org

金三角亞洲象基金會（Golden Triangle Asian Elephant Foundation）（泰國）
www.helpingelephants.org

KIARA爪哇長臂猿保育非營利組織（印尼）
https://kiara-indonesia.org

「從公共衛生推動動物保育」非營利組織（Conservation Through Public Health）（烏干達）
https://ctph.org

由衷感謝！

謝謝寫信給我的孩子們（還有大人！）。創作一本書的過程如此漫長，是你們的來信讓我有動力繪製下一本「解剖書」！

謝謝麗莎・海利認真嚴謹地研究各種生物，並提供與生物有關的種種迷人知識。

感謝Deborah Balmuth、藝術總監Alethea Morrison、Alee Money，以及Storey Publishing所有工作夥伴，和大家共事真的非常愉快。

謝謝Mara Grunbaum協助查核書中資訊。

謝謝Casey Roonan協助繪圖和掃描——還有貢獻歌聲。
謝謝家人和朋友總是這麼支持我。

謝謝努力保護地球上眾多奇妙野生動物的所有人（尤其感謝姊姊）。

和姊姊視訊通話時，狒狒也入鏡！

作者簡介
茱莉亞・羅思曼（Julia Rothman）
備受讚譽的當代插畫家，著有多部暢銷作品，包括《自然解剖學》、《海洋解剖學》、《食物解剖學》等，其插畫專欄〈Scratch〉定期於《紐約時報週日版》（Sunday New York Times）刊登。現居紐約布魯克林。

譯者簡介
王翎
臺灣大學外國語文學所畢業，現專事筆譯，譯作有《母親的歷史》、《明天吃什麼》、《我從太空考古》、《好故事能對抗世界嗎？》等。

審訂者簡介
林大利
生物多樣性研究所副研究員、澳洲昆士蘭大學生物科學系博士。由於家裡經營漫畫店，從小學就在漫畫堆中長大。出門總是帶著書、會對著地圖發呆、算清楚自己看過幾種小鳥。是個龜毛的讀者，認為龜毛是探索世界的美德。